Interesting
Psychology

趣味心理

艾振刚　宋春蕾
贾凤芹　陈海芹　著

山东人民出版社

国家一级出版社　全国百佳图书出版单位

图书在版编目（CIP）数据

趣味心理 / 艾振刚　宋春蕾　贾凤芹　陈海芹著 . — 济南：山东人民出版社，2014.5
　（趣味系列）
ISBN 978 - 7 - 209 - 08280 - 8

Ⅰ. ①趣… Ⅱ. ①艾… Ⅲ. ①心理学—青年读物　②心理学—少年读物 Ⅳ. ① B84 - 49

中国版本图书馆 CIP 数据核字（2014）第 036437 号

责任编辑：王海涛　王媛媛
装帧设计：蔡立国

趣味心理

艾振刚　宋春蕾　贾凤芹　陈海芹　著

山东出版传媒股份有限公司
山东人民出版社出版发行

社　址：济南市经九路胜利大街 39 号　邮　编：250001
网　址：http : // www.sd-book.com.cn
发行部：（0531）82098027　82098028

新华书店经销
山东临沂新华印刷物流集团印装

规　格　16 开（169mm×228mm）
印　张　15.5
字　数　220 千字
版　次　2014 年 5 月第 1 版
印　次　2014 年 5 月第 1 次
ISBN 978 - 7 - 209 - 08280 - 8
定　价　25.00 元

《趣味系列》修订本序

  这是一套以"趣味"命名的系列读物，包括：《趣味语文》《趣味历史》《趣味考古》《趣味地理》《趣味逻辑》《趣味哲学》《趣味文字》《趣味美学》《趣味心理》等九个人文社会学科。为什么要用"趣味"命名呢？因为每本书的作者在每门学科中选择了其中最有趣的、最容易引发读者兴趣的，也是最有吸引力的故事和知识。

  如果你要学一门学科，或者老师要教一门学科，一定要讲究知识结构系统和内容完整。其中当然也会有一些有趣的内容，但也不得不包括不那么有趣、甚至非常枯燥艰深的内容。或者一部分人感到有趣，学得轻松愉快，另一部分人却毫无兴趣，只能硬着头皮学。

  但这套书不同。它们既不是教科书，也不是教辅材料，更不是考试秘诀，不需要预复习，不必做作业，更不用担心考试。你觉得哪本有趣就看哪一本，觉得哪一段有趣就看哪一段，有多少空闲时间就看多少，隔一段时间再看也不会影响阅读的效果。

  当然，不能只讲趣味。既然是以学科分类，还得对本学科的知识和内容作一番精心选择。为什么要选择呢？因为每门学科知识和内容的积累、记录、传承，一门学科的形成和发展，都是一个漫长而艰苦的过程，是古往今来无数学者的心血凝聚成的，其中一些最重要、最经典的内容必须有所体现。另一方面，到了今天，每门学科的知识和内容都已浩如烟海，如果不加选择，不用说这套书容纳不了，任何人穷毕生之力也读不完。再说，从我们所希望的读者的需求出发，也必须有所选择。

以我最熟悉的历史学科为例。

历史是靠人记录的，但一开始这一过程是相当艰难的。尽管在进入文明社会的早期人类就有了记录历史的意识，但一直缺少工具和手段。在文字发明后依然存在书写工具和记录介质的困难，所以只能尽可能使文字简约，甲骨、竹、木、帛等都被用作书写材料，而最重要的内容只能镌刻于石材，铸造于青铜器。

由于已有的历史文献不易复制，大多只是孤本秘籍，一遇天灾人祸，往往从此消失。得以幸存至今，成为我们今天能够看到的史料、史书，只是其中很少一部分。

秦始皇烧毁了民间收藏的儒家经典，只允许官方学者保存研究，其中一位伏生专门负责《尚书》。秦末战乱爆发，伏生怕《尚书》毁坏散失，将书藏在墙壁中。战乱过后，他发现书已经遗失了一部分，就将书的内容记在心中，等待传播的机会。直到他九十岁时，才等到了皇帝派来记录的学者晁错。可惜他已口齿不清，只能靠听得懂他的话的女儿传达。加上他们讲的是山东方言，河南人晁错没有听懂，记录的内容又打不小的折扣。

只有在纸得到普遍运用和印刷术普及后，历史的记录和传播才有了物质条件的保证，才能够突破官方的封锁和限制，进入民间。甚至连统治者刻意禁毁的史料、史书，只要曾经被复制或印刷，往往依然能得到流传。

但是到了今天，我们又面临着新的困境。随着信息技术的飞速进展，海量信息已可轻易获取。以前人说"一部《二十四史》不知从何读起"，不过是发感叹而已，真正能拥有一部《二十四史》或随时可以读的人是不多的。而如今只要有一张光盘，或者能够连上相应的网页，《二十四史》不仅能随意读，还能逐句、逐字检索，找出每一个人名、地名、事件、制度就在瞬间。但是以个人的精力和时间，终身也无法穷尽，即使是专业研究人员也无此必要，何况绝大多数只是出于业余兴趣的人！

历史研究固然应该不受任何禁区的限制，完全从史实出发，且无论巨细都有意义，无论正负均有价值。但运用和传播历史知识、历史研究成果时必须根据各方面的条件而有所选择，如对专业和业余、精英和大众、成年人与未成年人等，就应有不同的侧重点。还应顾及国家利益、社会公德、民族感情、宗教信仰、风俗禁忌等多方面。

优秀的普及性读物就要遵循这些基本的原则，根据特定读者的需要和可能，精选出适量的内容，以最容易接受吸收的方式提供给读者。这正是这套书的作者和编者的良苦用心。

趣味系列这套书，原是上海古籍出版社2001年策划出版的，受到了读者，特别是中学生的热烈欢迎，加印多次，其中《趣味逻辑》《趣味哲学》加印20多次；2007年出版了插图本。本次山东人民出版社出版的趣味系列新版，《趣味文字》《趣味心理》是第一次出版，其他7本对原有版本的内容做了新的修订，根据时代变化加入了许多新的内容，重新装帧设计，希望给读者朋友，特别是中学生朋友编辑一套"开拓人文视野，提高学习兴趣"的人文社科入门读物。

葛剑雄

2014 年 1 月 10 日

目　录

趣谈个性

趣话人际

趣说效应

趣论心理

人的心理是什么

说起心理，人们不免产生一定的神秘感，有关心理的问题曾引起人们很多的争论。最早的时候，人们把心理现象和灵魂现象联系起来，认为心理学是"关于灵魂的学科"，而心理活动的发生也被认为和人的内脏，尤其是心脏有关。在我国汉字中，很多和心理现象有关的词语，都带有"心"这一部首，例如"思""想""念""怒""悲""愤""愁""情"等。

心理究竟是什么？其实，心理并不神秘，它是物质运动发展到高级阶段的属性，是大脑对客观事物的反映。

大千世界，各种物质时刻在发生各种运动，运动着的物质处在相互联系和永恒的发展之中。物质相互作用时留下痕迹的过程叫作反映。物质世界中的反映有不同的层次。最简单的反映形式是无生命物质的反映，例如，金刚石在玻璃上刻痕、电流流过钨丝发光、铁在水里生锈等，这些都是各种机械的、物理的、化学的反映形式。

随着生命物质的出现，一种较高级的反映形式——感应性出现了，感应性是生命物质对直接影响其生命的刺激所作出的一种应答。植物的花朝向阳光的方向开放；植物的根朝向水源的方向延伸；有一种单细胞动物叫变形虫，它能朝向营养物质的方向运动，并摄取和消化食物，而遇到有害刺激则产生趋避性，自动避开有害物质……这些都是生命物质感应性的表现。这种生物的感应性只是一种生理的反映，而不是心理活动。

随着物质世界的不断变化，动物由低级向高级发展，当动物种系演化到一定的阶段就出现了协调动物机体各部分活动的神经系统，这时，动物不仅对那些具有直接生存意义的刺激作出反应，而且对其生存有重要意义的信号也能作出反应。例如，声音、气味、足迹等信号对动物的基本生活过程并没有直接的影响，但它们却有预示重要刺激物出现的意义，因此，猛兽的气味、足迹、吼叫对于小动物来讲就是有危险的信号，而猛兽则可以凭借猎物的声音、气味、足迹等信号进行获取猎物的行动。同样，花朵的形状和颜色对蜜蜂来说就是花蜜的信号，可以引起蜜蜂的采蜜行为；雄性动物的某种气味对雌性动物是求偶的信号，引起交配行为等。动物对信号刺激的反映，与它们的神经系统的发育完善密切相关。当动物神经系统发展到能在信号和信号所代表的刺激物之间建立暂时神经联系时，我们就说动物具有了更高级的反映形式——心理。所以，动物对信号刺激的应答都是属于心理这一反映形式的。

当然，从低等的动物到高等动物，直到人类，其心理也有不同的水平，一般可分为四个阶段：感觉阶段、知觉阶段、思维萌芽阶段和意识阶段。

感觉阶段是动物心理演化过程中最低级的阶段，是无脊椎动物的心理发展阶段。它最基本的特点是动物能够对信号刺激物的个别属性作出反应。例如，蜘蛛织网捕食，它并不能对粘在网上的小昆虫有整体辨别，只能对个别属性——振动——产生捕食行为，以至于当振动着的音叉接触蜘蛛网，引起该网振动时，也会引发蜘蛛的捕食行为；而蚂蚁只是靠触须接受化学气味来辨向探路。

比感觉阶段高一级的心理发展阶段是知觉阶段。它的基本特点是动物能够将信号刺激物的各种属性综合起来以整体形式进行反映。这类动物一般是低等脊椎动物，例如鱼类、两栖类、爬行类和鸟类，这类动物神经系统比较发达，出现了能真正成为有机体一切活动最高调节者和指挥者的大脑，有的动物的大脑已发展成为两半球。因此，这类动物能对刺激物作出整体而较精细的反映。例如，蛇在捕食时会根据不同的对象采取不同的行为方式：在猎取抵抗能力较弱的小动物时，采取不慌不忙稳步迫近的方式，而在对付较强大的动物时，则采取突然袭击猛捕对象的方式。而鸟类不仅能辨别颜色，辨别物体的形状以及飞行方向，而且还能根据对象的不同性质准确捕获食物和选择适当的材料构造精美的鸟巢，还有些鸟表现出一定的学习能力，例如鸽子经过训练可以做一连串复杂的动作。

　　动物发展到哺乳动物阶段，心理的发展出现了思维萌芽，这是心理发展的较高级阶段。这一阶段的基本特点是动物能从已感知的事物之间的具体关系中发现和解决问题，具有初步的思维活动的能力。例如，类人猿的神经系统已达到相当发达的程度，尤其是它的大脑，从外形到细微结构乃至机制，都已接近人脑，其中猩猩和大猩猩的脑重分别约为 400 克和 540 克，几乎是正常人脑的 1/3。在一项实验中，研究人员在一间空房间的天花板上吊着一串香蕉，房间角落里放着两只空箱子，然后放一只黑猩猩进入空房间。黑猩猩想吃香蕉，但跳了几回都没法够着。它似乎沉思了片刻，搬来一只空箱子放在香蕉下方，它爬上箱子，还是够不着香蕉。它又搬来一只箱子，放在第一只上面，然后再爬上去拿香蕉，这一回成功了。从它成功地取香蕉的过程中可以明显地看到其通过思维解决问题，这是其他动物所不及的。

从"兽孩"的故事看人类心理的来源

　　1920年，在印度加尔各答东北的山地上的一个狼窝里发现了两个"狼孩"，这两个小女孩被发现时，小的约两岁，取名阿玛那，大的约七八岁，取名卡玛那。阿玛那一年后死了，卡玛那一直活到1929年。由于自幼生活在狼群中，她们失去人类的心理，代之以狼的习性：用四肢行走、舔食扔在地上的肉、怕强光而夜视敏锐、害怕水不愿洗澡、寒冷天也不肯穿衣、深夜嚎叫等。后来卡玛那经人化训练，2年学会站立，4年学会6个单词，到17岁临死时具有相当于4岁儿童的心理发展水平。

　　自18世纪中叶以来，先后出现过猴、熊、绵羊等动物哺育大的孩子，有历史记载的有30多例。它们都像"狼孩"一样，虽有人的生物属性，但无人的心理属性。我国1984年在辽宁省农村发现一个"猪孩"，因父亲病逝，母亲大脑炎后遗症生活无法自理，她长年无人照料，出于求生本能爬进猪厩吮吸猪奶，成天与小猪生活在一起，直至9岁。由于她并不像"狼孩"那样完全脱离人的社会生活，在一定程度上还有一点人的心理，但也是远远落后于正常儿童的发展水平。经中国医科大学考察组测试，智力只相当于3岁小孩，只能发一些简单的语音，但会做猪的各种动作、发出嘶叫声等。中国医科大学和鞍山市心理测量科研所的有关人员组成课题组，对"猪孩"进行教育训练，经过多年的努力，对其进行包括行为矫正、动作技巧、人际交往、社会适应能力和文化学习等方面的训练，才使其逐渐恢复人性，获得心理上的发展。经过学习，其智商由原来的39分提高到68分，认识600多个汉字，并且学会了简单的加减法。又过了3年，她的智力水平已达到正常儿童的发展水平，期末的语文、数学考试还分别得了 88 分和 85 分。这是一例"兽孩"经教育重返社会的特殊典型。

兽孩的故事从正反两个方面说明，心理是对客观现实的反映，心理的产生依赖于外面的客观世界，客观现实是人的心理活动内容的源泉。

客观现实可分为自然性和社会性两大方面。人的各种心理活动，无论是低级的，还是高级的，它的内容都受到这两方面客观现实的制约，并以各种形式反映客观现实。例如，没有自然环境中的光刺激作用于我们的眼睛，我们就不可能产生视觉。如果没有声音刺激作用于我们的耳朵，我们就不可能产生听觉。同样，我们对他人或与他人的人际关系产生社会知觉，是因为作为客观现实存在的那一社会刺激作用的结果。

有人或许会问，人类丰富的想象似乎脱离了社会现实，是纯主观性的想象活动？这个问题的答案非常明确：任何随心所欲的想象都摆脱不了客观现实的最终制约，也同样以客观现实为基础。《西游记》的作者吴承恩的想象力可谓丰富之极，小说的创作似乎超越了时空，任凭想象驰骋。其实细细分析，作者无论是关于人物的塑造还是情节的描写，都受当时社会生产力和生产关系发展水平的限制，其创作构思中的稀奇古怪的内容无不能在客观现实中找到依据。甚至连猪八戒使用的兵器——七星钉耙的原型，也是来源于当时菜园里常见的农具，而并没有装备飞机、导弹之类的现代化武器，以提高其镇妖降魔的本领。

英国古生物和古人类学家迪肯森和加拿大自然博物馆人类学家卢瑟，向我们描述了 50 万年后人类的模样。虽然充满想象力，但都依据客观现实，分别从悲观和乐观的进化理论出发。迪肯森从悲观的人类进化理论出发，认为生物进化程度越高，衰亡也越快。低等的贝类动物生存六千万年，而人类经历一百五十万年便开始衰退。同时，由于医疗水平提高，疾病患者能得以生存，但把致病基因也传给下一代，使人类体质下降。加上能源匮乏、生存环境恶化，未来人将用羽毛保护热量，栖息树上，通过腹部脉管从藻类中吸收营养。卢瑟从乐观的人类进化理论出发，认为人类进化是直线发展的，双手变得越来越灵活，大脑变得越来越发达，结果人类变成大脑袋、大眼睛、小身体、细四肢的恐龙人模样。不管这些想象是多么大胆，也不论其是否荒谬，也都受制于客观现实。可以说，这是他们从某些客观现实出发，依据各自的进化理论所获得的想象成果。

如果说客观现实确实是人的心理活动的内容源泉，那么可以反过来推论，一旦失去了这个源泉，人的心理活动内容也将因此而丧失。由于人是一切社会关系的总和，社会生活是人的心理活动内容的源泉中最重要的方面，是制约人的心理内容的决定因素，因此，人脱离社会生活，便会失去人的心理。兽孩的故事，还有很多像白毛女那样长期脱离人的社会生活而丧失人的正常心理的例子都说明了这一道理。

虽说人的心理是对客观现实的反映，但这种反映并不是死板地、机械地、如同镜子一般地反映，而是带有人的主观性，即人对客观现实的反映都是经过人的主观世界的折射而最终形成的。因而，同样的客观现实在不同的人身上会有不同的反应。例如，一屋子人在看电视，同样的声和光的刺激作用于每一个人，但引起的感觉、知觉却并不一样。有的人觉得响度适中，有的人则觉得偏大或偏小；有的人觉得亮度不够，有的人则觉得过大。客观世界中最单纯的物理性刺激尚且如此，复杂的社会性刺激，如一篇文章、一本小说、一部电影、一场报告、一堂讲课、一席谈话更会引起人们不同的心理反应。难怪同样一部电影，有的人评价很高，甚至说可在国际上获奖，有的人则根本看不惯，横加抨击；有的学生观后深受教育、感慨万分，有的学生观后却似过眼烟云、无甚感触。这是因为人对客观现实的每一个心理反应，都是同他的以观点、信念、知识、经验等形式存在于头脑中的以往反映成果相融合的，甚至还受他心理反应时所处的时间和条件的影响。这就使人的心理，尤其是高级心理可能具有明显的社会性、历史性、民族性和阶级性等。例如，不同的历史时期、不同民族对美的不同的认识和感受，对同样的美的刺激，会引起不同的审美感；而不同社会、不同阶级对道德更有不同的评价标准，对同样的行为刺激，甚至会引起截然不同的道德感。

望梅止渴是怎么回事

大家都知道成语"望梅止渴"的故事。三国时期曹操带领军队走到一个没有水的地方，士兵们渴得很。曹操骗他们说：前面有梅树林，到那儿可以摘梅子吃解渴。士兵听说有梅子吃，口里生出了很多唾液，也就不那么渴了。后来人们就用"望梅止渴"比喻用空想来安慰自己。从心理学的角度来看，"望梅"是能"止渴"的。

人类经过长期的探索后发现，一切心理活动都是神经系统和外界环境相互作用的结果，在中枢神经系统的参与下，机体对体内外刺激作出的规律性反应称为反射。"望梅止渴"就是机体发生了一种被称为条件反射的结果。

条件反射的研究是由俄国生理学家巴甫洛夫开创的，他因研究消化腺而闻名于世。巴甫洛夫的消化腺研究大多以狗为实验对象，实验过程中，当研究助理给狗喂食时，狗的唾液开始分泌，这是自然的生理变化现象，不足为奇。后来的现象却令人惊奇，狗还没吃到食物，听到研究助理的脚步声也会流出唾液。这一现象引起了巴甫洛夫的重视，由此开始了条件反射的研究。

巴甫洛夫是这样解释上述现象的：狗吃食物时会引起唾液分泌，这是与生俱来的、不学就会的反射，叫做非条件反射，食物因此被称为非条件刺激物。研究助理的脚步声引起狗分泌唾液，这是在后来的实验环境中学得的反射。因为脚步声对唾液分泌而言，原本属于毫无关系的中性刺激，但脚步声和喂食行为结合以后，就转变为条件刺激物，成为进食的信号了，以至于狗没见到食物，只听到研究助理的脚步声也会分泌唾液，也就是说，狗已经建立了条件反射。后来，巴甫洛夫在每次给狗喂食前都摇铃，这样，铃声和食物多次结合后，铃声单独出现、并没有给狗喂食时，狗也会出现唾液分泌现象，这一现象说明，铃声已由本来的中性刺激物成为狗出现唾液分泌反应的条件刺激物。

条件刺激物可分为两类：一类是具体的事物，称为第一信号；另一类为语言，为第二信号。相应地，以具体事物为条件刺激所形成的条件反射叫第一信号系统，以语言作为条件刺激所形成的条件反射系统叫第二信号系统。我们前面所说的"望梅止渴"就是第一信号系统作用的结果。而且，不仅是看到梅子，只要说到梅子，也会流口水，这就是第二信号系统引起的条件反射结果。

现在你明白"望梅止渴"中的心理学原理了吧。

感觉对我们有多重要

你知道什么是感觉吗?

我们平时所说的"今天感觉不错"与心理学上的感觉可不是一回事。心理学上所说的感觉时刻发生在我们的生活中。例如,桌上有一只苹果,我们的眼睛看到了苹果的颜色、形状和大小等,这是最重要的感觉——视觉发生了作用;我们的鼻子闻到了苹果的香味,这是嗅觉发生了作用;我们的手触摸到苹果的外皮,感到了它的光滑,这是触觉发生了作用。感觉的种类还有很多,物体的这些个别属性通过感觉器官作用于人脑引起的心理现象就是感觉。

感觉对我们人类有什么样的作用呢? 列宁说: "不通过感觉,我们就不能知道实物的任何形式,也不知道运动的任何形式。"感觉是一种最简单的心理现象,是一切复杂的心理活动的基础。我们认识世界是从感觉开始的。通过感觉,我们不仅能够了解客观事物的各种属性,例如颜色、大小、气味、软硬、光滑或粗糙等,而且也能知道身体内部的状态,例如疼痛、饥饿、运动等。它是意识活动的重要依据,是人脑与外部世界的直接联系,没有这种联系,人类正常的心理活动就不可能产生。

刺激和感觉对于人的正常意识状态的维持来说也是必不可少的。

加拿大麦吉尔大学的心理学家于1954年曾做了一个"感觉剥夺"的实验,为了不让实验对象有感觉的机会,他让实验对象分别关在一个隔音的暗室里,蒙上眼罩,戴上手套,头枕泡沫橡胶的枕头,房间里只有空气调节器发出单调的声音。实验结果表明,很少有实验对象愿意在这样的环境中生活一周,因为他们都出现了不同程度的心理异常现象，表现为注意力不能集中，思维不连贯，有些人甚至说不清自己是醒着还是睡着了，有些人还出现了幻觉，视觉中出现闪光，听觉中出现狂犬声、打字机声，触觉中有冰冷的钢块压在前额和面颊上。不仅如此，感觉的剥夺还带来实验对象情绪上的波动，他们表现出严重的压抑和恐惧，这种心理功能的紊乱在解除隔离后相当长的一段时间内仍然存在。

"感觉剥夺"实验表明，人类认识事物，首先通过感觉。感觉虽然是一种低级的简单的心理活动，但它对人类来说意义重大。没有刺激、没有感觉，人的知觉、记忆、思维、情感等正常的心理活动都会受到严重影响。可见，人们在生活中漫不经心地接受的各种刺激和由此产生的感觉是多么重要。

为什么"入芝兰之室，久而不闻其香"

古人说的"入芝兰之室，久而不闻其香"，反映了人体通过感觉器官对外界事物感受能力发生变化的原理。

人对外界事物的感受能力通常用感受性来表示。人的感受性并不是一成不变的，由于某种因素的作用，感受性会出现暂时提高或降低的现象，这种感受性的变化可以从很多方面体现出来。

感觉适应就是一种感受性发生变化的情况。它是指同一感受器接受同一刺激的持续作用，使得感受性发生变化的现象。它一般有两种情况，一是因刺激过久而变得迟钝，二是因刺激缺乏而变得敏锐。适应是感觉中的普遍现象，一般来说，视适应非常明显，嗅觉、肤觉适应也非常明显，听觉也存在一定的适应现象。

日常生活中，我们可以体会到各种适应现象。例如，我们从阳光灿烂的室外走进电影院，一开始，只觉得一片漆黑，周围的座位和人什么也看不清。过了一会儿，眼前的一切就慢慢清晰起来。这一过程就是被称作暗适应的视适应现象。它是由于光刺激由强到弱，使得眼睛的感受性相应地提高了。等我们出了电影院，外面的强光又使我们睁不开眼，过了一会儿，我们又能看清周围的一切了。这就是一种明适应现象。这是由于光刺激由弱到强，使得眼睛的感受性相应降低的缘故。暗适应的实际应用是很广泛的，汽车驾驶员对道路上不同的照明度的适应，对提高安全性、减少汽车事故有很大作用。根据研究，影响暗适应的因素有很多，主要有：前后光照的强度对比，营养是否全面，特别是维生素 A 及氧等因素的缺乏对暗适应有明显影响。除此之外，年龄的因素也会产生作用，一般来说，人到 30 岁后视觉适应能力会有所下降，还有，各种感觉器官的相互作用，也会影响暗适应。

感觉适应还存在于很多生活现象中。例如，我们将手放入一盆冷水中，开始觉得很冷，慢慢地便不觉得冷了，这是肤觉的适应。

而古人所说的"入芝兰之室，久而不闻其香；入鲍鱼之肆，久而不闻其臭"，便是嗅觉的适应现象。各种感觉的适应现象都是感受性提高或降低的表现。

除了物理刺激外，人对一些社会性刺激接受时间长了也会变得麻木。例如，"饭来张口"式的日子过惯了，有些人往往会漠视亲人的这种关怀。再例如，对儿童的教育过程中，如果老是对某件事唠叨个没完，不仅会失去教育效果，还会引起儿童的厌烦心理。

感觉适应的现象，有利有弊。从利的一面看，人体对外界刺激的适应能力是有机体在长期的进化过程中形成的，可以使我们更好地感知外界事物，适应变化的环境。从弊的一面看，如果长期在不良的环境中工作，感觉对刺激的敏锐度也会降低，难免会使人丧失警惕性，以至于危害了自己的身体还不知觉。

暖色调和冷色调

我们在生活中都有这样的经验，夏天穿白、蓝、绿、灰等冷色调的衣服会给人凉爽的感觉，而冬天穿红、橙、黄等暖色调的衣服会给人温暖的感觉，这是因为人的不同感觉之间发生了相互作用的缘故。

某种感觉器官受到刺激而对其他器官的感受性造成影响，或使其升高，或使其降低，这种现象就叫做不同感觉间的相互作用。

不同感觉的相互作用在现实生活中经常发生。经实验发现，微痛刺激、某些嗅觉刺激，都可以使视觉感受性有所提高。微光刺激则能提高听觉的感受性，而强光刺激会降低听觉感受性。

不同感觉相互作用可以使人产生联觉现象，即由一种感觉能引起另一种感觉，如在音乐上有一定造诣的人，听到音乐会产生相应的视觉，这是视听联觉。联觉中最突出的形式是颜色的联觉，色觉可以引起温度觉。所谓的暖色调和冷色调即由此而来。色觉还可以引起轻重觉，如淡而鲜艳的颜色，给人轻巧的感觉，而深而暗淡的颜色，给人沉重的感觉。联觉现象给我们的生活带来了很大的作用。

不同感觉的相互作用还表现为一种特殊的现象——感觉的补偿。它是指由于某种感觉缺失或机能不全，会促使其他感觉的感受性提高，以取得弥补作用。例如，盲人的听觉、触觉和嗅觉特别灵敏，以此来补偿丧失了的视觉功能。美国女教育家海伦·凯勒，在两岁时因患猩红热而引起失明和耳聋，因为耳聋而不能学说话，实际上成了哑巴。后来她在家庭教师的耐心帮助下，竟然以优异的成绩读完了大学，并终身从事于聋哑儿童教育事业。她虽然又聋又哑，但她的手指触觉特别发达敏感，她可以利用手指的敲击感觉和别人谈话。

感觉的补偿作用需要长期不懈地练习才可以获得，各种感觉之所以能够相互补偿，其主要原因是由于刺激的能量是可以互相转换的。

随着科学技术的发展，不同感觉的补偿作用有了更大的可能性。例如，声音眼镜可以解决盲人行走困难。"阅读仪"能把普通印刷体的单字的视觉形象转换成低频的触觉形象，盲人用手把这个仪器在书页上移动，就能以每分钟80字的速度看书。还有一种"电眼"，能把外界的物象转换成作用于盲人腹部皮肤的电刺激信号，借助此种仪器，盲人能像正常人一样在房间里自由走动，拿取东西。

有趣的视觉现象

你有没有过这样的体验：在晚间看书时，如果注视远处的灯光，同时用书在眼睛前上下迅速移动，这时，你会发现所见的灯光，并不会因书本的隔离而有间断的感觉。又如，在晚上如果将房间里的电灯快速开关一次，在熄灯之后的短暂时间内，眼前会仍然留保留着灯亮时的形象。

像这种视觉刺激虽然消失而感觉暂时留存的现象，称为视觉后像。根据心理学家研究发现，视觉后像有两种不同形式：一种为正后像，其特征是原刺激消失后，所遗留的后像，与原刺激的色彩及亮度均相似。例如庆祝节日看烟火时，引起光觉与色觉的刺激消失后，仍然暂时留存着原来烟火的光与色的感觉，这种情形就是视觉的正后像发生了作用。另一种为负后像，其特征是后像的亮度与原刺激相反，而色彩与原刺激互补。例如：注视白色的钟面与黑色的钟框，过一会儿，把视线移向周围的墙壁，就会出现黑色钟面与白色钟框的后像。再例如，注视纸面红色圆圈半分钟后，再去注视白色墙壁，就会看到一个绿色圆圈出现。在一般情形下，视觉刺激的强度与注视的时间增长时，后像出现的可能性将增加，持续的时间亦较长；反之，则不易形成后像。

在视觉过程中，当不同颜色的物体并列或相继出现时，产生的色觉和单一颜色出现时不同，会出现颜色对比的现象。如黑白二色并列，就会觉得黑者益黑，白者益白。当彼此互补的两种颜色并列，它的对比效果尤为明显。例如，黄色与蓝色互补，如将二色并列，看起来黄者更黄，蓝者更蓝。颜色对比是色彩设计师常用来加强视觉效果的重要原则。颜色对比现象，因其形成的过程不同，又有三种类别：（1）同时对比，因两种刺激同时出现而产生的颜色对比；（2）连续对比，因两种刺激相继出现而产生的颜色对比；（3）亮度对比，因两色觉刺激亮度不同而产生的颜色对比。

视觉中还有一种特殊的现象——色觉缺陷。在我们周围，经常可以见到色觉缺陷的现象——色弱或色盲。一般人都会因光波长度不同而产生不同的色觉：在红色光刺激之下，能感觉到是红色；在绿色光刺激之下，能感觉到是绿色；在蓝色光刺激之下，能感觉到是蓝色。这些人都可视为色觉正常。而还有些人对这三种颜色不能明确辨别，就称为色觉缺陷。其中有些人只是对红色和绿色区的颜色感受性很低，但如果对红、绿、蓝三种颜色完全不产生色觉经验，则称为色盲。

色盲有部分色盲和全色盲之分。常见的部分色盲是红绿色盲，红绿色盲对红光和绿光反应不敏感，不能区分红光和绿光。黄蓝色盲较少见到，他们只有红、绿感觉，而没有黄、蓝颜色感觉。还有一种全色盲，指丧失了对整个可见光谱上各种光的颜色视觉，而都把它们看成灰色，即无彩色系列。全色盲极罕见，主要是视网膜上缺少视锥细胞或视锥细胞功能丧失的缘故。

色盲常为先天的，也有后天的。先天色盲与遗传因子有关，一般是隔代遗传，目前尚无法医治。后天色盲往往是由于各种原因造成，如视网膜疾病、视神经障碍、药物中毒以及维生素缺乏等。

在一般的人群中，色觉缺陷者的比例男女差异悬殊：在男性中约占百分之八，而在女性中则仅占千分之四。为什么男女之间会有如此大的差异？按生理学家们一般的解释，这现象与人类性染色体中的 X 染色体有关，男性的性染色体是 XY，只有一个 X；女性的性染色体为 XX，有两个 X。

烹调上为什么要讲究"色、香、味俱全"

了解饮食之道的人都知道，中国特色的美味佳肴之所以享誉全世界，主要是由于中国菜在烹饪上讲究"色、香、味俱全"。这一生活窍门反映了人体感觉作用发生的规律。

人体感觉作用的发生遵循了很多的规律。虽然我们的感觉系统有视、听、嗅、味、肤、平衡、运动、机体等多种外部感觉和内部感觉。每一种感觉都依靠专门的感觉器官来发挥各自的作用。但各种感觉其实是相互作用，共同行使人体的各项功能的。就拿对饮食有重大作用的味觉来说，专司味觉的感受器称之为味蕾。味蕾是一种球状的感觉神经细胞，这种细胞多集中在舌尖、舌面和舌侧三处，少数散布在口腔内部。引起味觉的刺激物为液体，如果刺激物不是液体，也必须经过唾液的融化，才能渗入舌部的味蕾，从而引起感觉细胞的神经冲动。

虽然味觉的感受器对不同味觉有专门的分工，但它们的工作是相互联系的，不仅如此，味觉在发生作用时还常常与其他感觉相互影响，以加强味觉的感受。因此，烹调是包括各种感觉的综合艺术。吃东西时，经常是既有滋味刺激舌头，又有气味刺激鼻孔，更有颜色刺激眼睛，不仅如此，在饮食时，温觉、痛觉、动觉等也都参与味觉的过程。例如，吃冰激凌时，有冷觉参与；吃辣椒时，有痛觉参与；吃炒花生时，有触觉参与。有多种感觉同参与，才能充分获得味觉经验。

假如人没有了痛觉

我们经常为身体上不同部位的痛而困扰。有人在遭受头痛、牙痛之苦的时候禁不住想：要是人没有痛觉就好了。

当真人没有了痛觉，就可以从此太平无事了吗？

科学的结论与我们的随意想象相差甚远。心理学的知识告诉我们：痛觉的感受器为自由神经末梢，在全身分布并不均匀，所以在皮肤的不同部位，对痛觉的敏感度也不相同。痛觉经验虽然会令人产生痛苦，但它在生活适应上，却具有正面效应。痛觉是一种警示讯号，它可以告诉我们身体的某些部位受到伤害，必须及时加以处理。试想，假如幼儿被火烧却没有痛觉，其后果将会何等严重。

痛觉虽然是人人皆知的现象，但在原理上却不易解释。因为痛觉不像其他感觉一样，它不存在于某一感官（如眼、耳、鼻）的特殊感受器中，也没有专门的传导痛觉信息的特殊神经纤维（如视觉神经与听觉神经）。痛觉在皮肤表面，甚至关节、肌肉等任何部位，都会发生，而以往只是假设遍布身体各处的自由神经末梢可能是痛觉的感受器。

最近对痛觉有一种新的理论，称为闸门论。按闸门论的解释，在脊髓与大脑连接处，有一个类似闸门的特殊结构，其作用是选择性地控制通往大脑的信息。闸门也可随时关闭，以阻止某些躯体神经传导来的信息进入大脑。痛觉的感觉神经元有两种：一种神经元的神经纤维长，负责感受并传导短暂、尖锐而且是固定部位的痛；另一种神经纤维短小，负责感受并传导持久、钝缓而又不固定部位（如酸痛）的痛。第一种感觉神经元传导的神经冲动，到达脊髓时，可能引起闸门的关闭，以阻止其立即进入大脑。第二种感觉神经所传导的神经冲动，就不会引起闸门的关闭作用。皮肤受伤所引起的尖锐痛觉，有时会感到突然消失，可能正是闸门关闭的原因。因为痛觉的感受是在大脑，而不在皮肤，受伤时常在伤口处放上冰袋或实施热敷，或者有时揉搓伤处周围，都会降低痛觉，其原因可能就似乎因冷敷、热敷或揉搓等作用引起闸门关闭之故。

痛觉的另一大特征是，生理作用之外带有很大的心理因素，诸如注意、暗示、情绪、动机等心理状况，都会影响痛觉的感受。因此在某些情况下，痛觉可由心理控制。

在医学上，自古以来除了用药物控制来止痛以外，还用心理控制的方法来减缓疼痛感，例如催眠暗示、安慰剂等方法。经过催眠诱导，进入催眠状态的人通过暗示可降低甚至丧失痛感。安慰剂是指以药物治疗心理疾病时，医生开给病人的药物，实际上并非药物，可能只是一些看似药物的代替品，如维生素片。但在病人相信的情况下，安慰剂照样发生作用，服用后痛觉减低或消除。显然，这是一种心理控制作用。何以安慰剂会发生作用？心理学家的解释是，由于当事人的主观期盼，影响到身体内的内分泌变化，在体内产生了一种类似鸦片剂的分泌物，因而抑制了痛觉神经冲动的传导作用。

有趣的错觉现象

我国古书《列子》中曾经记载了两个小孩争论太阳大小的问题："日初出时大如车盖，及日中则为盘盂。"这个问题连孔子也不能回答。这里认为太阳究竟像"车盖"那么大，还是像"盘盂"那么小，其实是人的一种错觉现象。

人在特定条件下，对一些事物有可能产生的某种歪曲的知觉。这就叫做错觉。错觉有不同种类，主要有：

视错觉：即在某些视觉因素的干扰下而产生的错觉。包括关于线条的长度和方向的错觉、图形的大小和形状的错觉等。对于太阳大小的错觉就是一种视错觉。类似的错觉还有月亮错觉等。

形重错觉：由于视觉而对重量感发生错觉。如用手比较一公斤铁与一公斤棉花，总会觉得一公斤铁重些。这是受经验、定势的影响，由视觉而影响到肌肉的错觉。

时间错觉：在某种情况下，同样长短的时间，会发生不同的估计错觉，觉得有快有慢。时间错觉受态度、情绪影响很大。在有趣的活动中觉得时间过得快，而在枯燥的活动中会觉得时间过得慢。一节课的考试、一节课的计算机上机比起同样是一节课的听讲，会觉得时间过去得快得多。也是由于这个原因，教师如何调动学生的学习兴趣、令学生以愉快的情绪来学习，无疑是十分重要的。

运动错觉：对主体或客体在运动觉方面的错觉。例如，在黑夜中，人走路总觉得是月亮跟着人走，而当云在月亮前面移动，又会觉得是月亮在穿过云层。

对比错觉：同一物体在不同背景上，会产生不同的错觉。如跳高时同样高度的横杆，室内比赛会觉得比室外比赛高度要高，这是由于把横杆与周围环境作了对比而引起的错觉所造成的。

方位错觉：在一个大会场里听报告，我们所听到的声音分明是从旁边的扩音器里传来的，但我们总觉得它是从讲话者那里传来的。

此外，由于主客观条件的变化而引起的还有方位错觉、颜色错觉、似动错觉等。

错觉是很难避免的，而且也是完全正常的。只要产生错觉的条件具备，任何人都可能会产生同样的错觉，但是有些常识性的错觉则是可以避免的。

研究错觉有很大的实践意义。一方面，它有助于消除错觉对人类实践活动的不利影响。例如，飞机驾驶员在海上飞行时，由于远处水天一色，失去了环境中的视觉线索，容易产生"倒飞"错觉。这可能会引起严重的飞行事故。研究这些错觉的成因，在培养飞行员时增加有关的训练，有助于消除错觉，避免事故的发生。另一方面，人们可以利用某些错觉为人类服务。例如，军事上用"迷彩色"来进行军服、军车的伪装，使得从远处看起来，这些军服、军车就与野战环境的色彩融为一体；又如，服饰中常用线条的变化来夸张人体的优点或遮盖人体的不足，胖人穿上竖线条衣服显得苗条，而瘦人穿上横线条衣服显得丰满。在家庭装潢中，人们把墙壁粉饰成淡绿、浅蓝的冷色调，使房间产生凉爽、安宁的效果，或把墙壁粉饰成淡黄、粉红的暖色调，使房间显得温暖和明亮。

梦的奥秘

中国的文化中，有很多关于梦的流传，例如：庄周梦蝶、黄粱一梦、梦笔生花、江郎才尽、南柯一梦等。古代的人往往把梦看成是神的指示或魔鬼作祟；在现代文明社会里，人们对梦的奥秘仍然百思不得其解。可以说，正是因为不了解梦，所以梦才赋予了人类很多的想象。中西文化中，对梦的观念存在很多不同的理解，希腊哲人柏拉图认为，"好人做梦""坏人作恶"。而中国的祖先却相信"至人无梦"。至人者，圣人也，意思是说圣人无妄念，所以不会做梦。

心理学的发展为梦的研究奠定了科学的基础，也纠正了古时中西方对梦的误解。根据心理学家的研究，无论好人坏人，无论聪明愚笨，人人都会做梦，甚至连动物也会做梦。因为，动物睡觉时也会出现眼球快速跳动的迹象，只不过动物不能像人类一样在醒来之后复原梦的故事罢了。

那么，心理学上是如何解释梦的现象的呢？心理学家认为：梦是睡眠期中某一阶段的意识状态下所产生的一种自发性的心像活动。在此心像活动中，个体身心变化的整个历程，称为做梦。让我们看看心理学家们是如何研究梦与做梦的问题的。

虽然自古以来人类对梦就有浓厚兴趣，但对梦进行科学系统的研究却是近百年来的事。这100年来对梦的研究大致分为两个时期：第一个时期是20世纪的前50年，这一阶段对梦的解释，几乎全部尊崇弗洛伊德的理论；第二个时期是20世纪50年代以后直至现在，这段时期对梦的研究，是以实验室的观察研究为主。让我们逐一了解一下这两个时期的研究和发现。

　　1895 年，奥地利精神病学家弗洛伊德通过分析自己的梦经验开始了对梦的研究。1900 年，他写下一本闻名于世的著作——《梦的解析》，这本书被后人誉为改变历史的书籍之一，原因是弗洛伊德在该书中对人类的梦提出了划时代的解释。

　　弗洛伊德在该书中认为，做梦的人所陈述的梦只是一种象征性的表达，在象征背后隐含着另外的意义，所以必须加以解析。否则，连他自己也不能了解梦境的真正意义。弗洛伊德发现，经过梦的解析之后，不但可以揭露出精神病患症状背后隐藏的病因，而且还可以由此探究一般人所没有觉察到的一些身心状态，即弗洛伊德所说的潜意识。因此，梦是通往潜意识的捷径。

　　当事人所陈述的一切梦的内容，称之为梦境，梦境分为两个层面：一个是显性梦境，就是当事人醒来后所能记忆的梦境。显性梦境是梦境的表面，属于意识层面，所以当事人能够陈述。另一个为潜性梦境，是梦境深处不为当事人所了解的部分。弗洛伊德认为，这一部分才是梦境的真面貌，属于潜意识层面的梦，其情节是当事人无法陈述清楚的。

　　在人的潜意识层面中，平常存在着一些被压抑的与性有关的冲动或欲望。因为这些冲动或欲望不为当事人的意识所接受，不允许其表露于外，只有在睡眠时，意识层面的压力放松之际，才会乘机外逸，并以伪装的方式，形成不为当事人所能了解的潜性梦境。所以说，梦是（被压抑的）愿望（经过伪装）的满足。梦的解析，目的就是要以当事人所陈述的显性梦境为起点，探究隐藏在潜意识中的内心的真实意图。

　　当事人醒来之后，他所陈述的显性梦境，事实上是潜性梦境转化而来的。这一转化使得梦的内容上产生了四种变化：（1）凝缩：显性梦境中的情节，要比潜性梦境中的情节少而简单。所以只凭当事人对显性梦境的陈述，对梦的真实意义的了解是不够的。（2）转移：从潜性梦境转化为显性梦境时，梦中情节可能彼此转移，当事人所叙述的显性梦境中的次要情节，可能就是潜性梦境中最重要的。（3）象征：潜性梦境中被压抑的冲动或欲望，改头换面，以象征性的表征在显性梦境中出现，借以逃避意识的禁忌。例如，当事人所陈述显性梦境中的一支自来水笔或一个门洞，可能代表其潜性梦境中男女两性的生殖器官。（4）再修正：在当事人陈述其显性梦境时，多半是有意无意地对梦中情节加以再修正，甚至添枝加叶，使听的人觉得合乎逻辑。

弗洛伊德认为，做梦既可使欲望满足，又可充当睡眠守护者。平常被压抑在潜意识层面下的诸多冲动与性欲如若长时间得不到宣泄，难免因累积太多而造成心理适应的紊乱。人在睡觉时，因意识层面的监控作用减少，潜意识中的部分欲望，得以通过梦境中的活动而获得满足，从而减少潜意识层面下的紧张与压力，可以对当事人的情绪产生一定的缓解作用。至于梦是睡眠的守护者的说法，按照弗洛伊德的解析，做梦通常是在浅睡阶段，浅睡随时可以被外在的刺激所扰醒。假如此时进入梦境，梦未做完，即可继续睡眠，这种说法，已获得后来以通过脑电波对做梦进行研究的支持。

弗洛伊德对梦的理论解释，可谓是前所未闻，难怪《梦的解析》被称为划时代的名著。但从科学心理学的观点来看，弗洛伊德对梦的解释，也被后人批评存在两大问题：第一，弗洛伊德的理论，主要是在精神病患者的梦经验基础上建立的，用它来解释一般人的梦，难免以偏概全。第二，弗洛伊德解释潜性梦境以及梦的欲望满足功能时，总是将人的潜意识欲望解释为性欲的冲动。这种说法，未免将梦的内容窄化，因而产生误导，忽略了梦的多元性特征。

1953 年，美国芝加哥大学的研究者在以脑电波方法研究睡眠时偶然涉及了梦的实验心理学研究，研究者在无意中发现，在睡眠的周期内，每次在最后阶段时，受试者的眼皮就快速跳动，实验者根据这一睡眠时快速眼动现象，提出如下的假设：这一阶段的睡眠者，可能正在做梦。为了验证此一假设，实验者分别在快速眼动睡眠与非快速眼动睡眠阶段，唤醒睡眠者，问其有否做梦。结果上述假设得到了验证。自此之后，睡眠中的快速眼动现象，就成了做梦的标志。

后来，心理学家采用类似的方法对做梦进行了研究，得出了一些有趣的结论：在一个典型的夜睡中，一般人的第一个梦，大约出现在入睡后的90分钟。梦境的持续时间，大约为 5 ～ 15 分钟（平均为 10 分钟）。一夜大概要做 4 ～ 6 个梦，总共有 1 ～ 2 个小时的睡眠时间在做梦。至于梦的内容，心理学家通过对一万多个梦境的内容进行分析研究后发现，梦大致分为八类：各类人物、各类动物、人际间交往、幸遇与悲遇、成败经验、户内或户外活动、空间与物体、情绪反应。由此可见，一般的梦境并不像弗洛伊德所说的全与性有关，而是符合一般所说"梦如人生"。对梦的解释，有一种简单的理论，称为连续假说，意思是说夜间所梦者，是日夜生活的连续。这种假说，正符合"日有所思，夜有所梦"的说法。

你了解催眠吗

说起催眠，人们不免有一种神秘的感觉，不了解的人甚至把催眠看作江湖术士骗人的把戏。心理学发展的早期，也并没有把催眠列为研究的主题之一。现代心理学家对此却有不同的看法，他们认为，催眠是一种类似睡眠而实非睡眠的意识恍惚状态。这种特殊的意识状态，在性质上，既与清醒状态有异，也与睡眠状态不同。因为，自从脑电波技术被用来研究睡眠之后，心理学家已清楚地了解到，进入催眠的意识状态及大脑活动所显示在脑波图上的波形特征，与睡眠中各阶段的波形都不相同。

催眠这种恍惚的意识状态，是在一种特殊情境之下，由催眠师的诱导而形成的。催眠师运用暗示性的语言，对具有暗示感受性的受试者进行催眠，使之进入催眠状态下的过程，称为催眠诱导。催眠只能对部分人有效。在催眠诱导过程中，催眠师能否对受试者进行催眠主要取决于三个方面的因素。

第一，受试者的催眠暗示性。因此，在进行催眠之前，要先做一些预备工作，来估计其能否接受催眠。催眠暗示性是进入催眠状态的一个关键，而影响它的关键因素有两个：一是受试者对催眠的态度和对催眠师的信赖感。如果受试者相信催眠的可能，对催眠不持偏见，而且又信赖催眠师，不怀疑他运用什么法术给自己带来任何危险，他就能主动与催眠师合作，容易接受暗示。否则，就很困难。二是受试者个人的性格与身心条件。根据心理学家们的研究，有三种人最容易接受催眠暗示：平常喜欢沉思幻想的人、在生活中比较专注于内心世界而不容易因外在刺激而分心的人和希望从催眠中获得新鲜意识经验的人。研究催眠的心理学家们，目前已试图采用一种类似心理测验的工具来测量催眠暗示性的高低。

第二，适合于催眠的环境。催眠通常在安静的室内进行，除了特殊情况下采用团体催眠的形式外，一般适合用个体方式进行。室内的光线适宜暗淡，尽可能避免干扰，受试者应保持一种舒适放松的姿态，全神贯注地接受催眠师的催眠。

第三，良好的情绪关系。受试者对催眠师的态度应建立在信任的基础上，如果对催眠心存怀疑，如担心催眠后不会醒来或担心催眠师会作出伤害自己的行为……这样的情绪就会影响催眠的成功。催眠师保持一种和善的态度，应对受试者予以充分的解释，使他们相信催眠术是一种科学的方法，而不是神秘的巫术。

在满足了上述三个条件之后，催眠师开始对受试者进行催眠。经研究发现，在催眠状态下受试者在心理上一般显示出以下七种特征：

1. 主动性反应减低。受试者一进入催眠状态，虽然在意识层面并未真正进入睡境，仍然保有意识，但意识活动的主动性却大为降低，他们不主动表现任何活动，倾向于接受催眠师指示去表现活动（违犯道德的活动除外）。

2. 注意层面趋窄化。进入催眠状态的受试者，其知觉意识虽依然存在，但在注意的层面上，却趋于窄化；对周围环境中的刺激不再注意，只注意催眠师的指示。如果催眠师指示受试者，要求受试者只注意听他所讲的话，催眠中的受试者就会听不见周围其他的声音。

3. 旧记忆还原现象。受试者在清醒时，对某些陈年旧事，往往不复记忆。可是，进入催眠状态的受试者，如被问及陈年旧事，他却能陈述得清清楚楚。而他们所陈述之内容，大多以视觉影像为主，甚至以儿童说话的口吻来描述事件发生的经过，俨然又回到童年时所经历到的事件中。

4. 知觉扭曲与幻觉。知觉扭曲是常见的心理现象。错觉就是知觉扭曲现象中最明显的例子。错觉是在清醒的意识状态下得到的知觉经验，在催眠状态下的知觉扭曲的表现比错觉更为明显，除了错觉之外，还会产生幻觉现象。错觉是指当事人对周围具体刺激物的失实解释，幻觉则是当事人"无中生有"或"有中变无"的脱离现实的知觉经验。根据研究发现，催眠状态下受试者的幻觉有两种类型：有的可能看见面前站着一个人（其实没有），有的可能对站在面前的人视若无睹。前一类型的催眠幻觉称为正幻觉，后一类型的催眠幻觉称为负幻觉。催眠状态下受试者的幻觉，可由催眠师的诱导而产生。如催眠师对受试者示意，说他的耳朵听不到声音，受试者在听觉上可能就真的听不到声音。

5. 暗示接受性增强。在催眠术上，暗示一词是个重要概念。暗示是指向对方表达一种非强迫性的意见，能使对方在不加怀疑的心态下接受，并在行为上实践。通常，医生说的话很容易对病人产生暗示作用。所谓暗示性，在催眠术上讲，是指受试者接受催眠师暗示的程度。如毫无怀疑地全盘接受，而且依照暗示完全在行为上表现，即表示暗示性高。因此，常用催眠暗示性一词来表示暗示性的高低。受试者一旦进入催眠状态，暗示接受性即大为增高。幻觉现象就是在暗示的情形之下产生的。在催眠过程中，暗示可能对受试者的身心变化，产生出乎常人想象的后果。暗示失去痛觉，不须麻醉即可拔牙；暗示身体僵直，就可使受试者的身体变得像块木头一样僵硬。有经验的催眠师，可在舞台上当众表演，用两张椅背便可凌空支撑横躺着的人体。

6. 催眠中角色扮演。催眠状态下，受试者不仅受暗示的影响，使其知觉扭曲并产生幻觉，而且更可能进一步听从催眠师的指示，扮演与其本人性格完全不同的另一角色，并表现出合乎该角色的一些复杂行为。例如：对于旧记忆还原现象来说，当事者除了记起童年的旧事之外，可能在行为上也表现得像儿童一样。在催眠状态下，受试者虽可接受暗示扮演不同角色，但在行为上并非完全盲目接受催眠师的差遣。如被差遣去从事违犯道德或犯法律的事，当事人就会听从自己理性的抉择，不予接受。

7. 催眠中经验失忆。催眠师的暗示诱导，不但会影响受试者知觉窄化，而且受试者由警觉的清醒状态，进入恍惚的催眠状态，在行为上也会表现出一些清醒时不能表现的事，而且也由暗示让受试者在恢复清醒后忘却催眠状态中的一切经验。像这种由暗示影响而产生的催眠中经验遗忘现象，称为催眠过后失忆。

虽然催眠术的使用已有两百多年的历史，由江湖魔术发展到了科学研究的阶段，而且在心理学上，也已被正式接受，被视为研究意识状态的主题之一，然而，一直到 20 世纪 70 年代末研究者对催眠状态如何形成，催眠状态究竟代表什么样的心理过程，仍然无法提出系统性的理论。近年来，人们通常用新解离论和社会角色论来解释催眠现象。

所谓新解离论指的是受试者经催眠后，他的意识分离为两个层面：第一层的意识是在催眠师的暗示下产生的，其性质可能是失实的，扭曲的；第二层的意识是受试者根据自己的感觉产生的，其性质是比较真实的。由于当时受到催眠暗示的影响，第二层意识被第一层所掩盖，致使受试者不能经由口语陈述出来而已。

心理学家用一个实验证明了这一假设。催眠师先给予受试者催眠暗示，声称催眠后他的左手将失去一切痛觉。一旦受试者进入催眠状态后，将其左手放到冰水中。通常，手置冰水中数秒钟后，所引起的刺痛是无法忍受的。如果当时要求受试者口头回答是否疼痛，他将回答不痛。但如要他右手扶在按钮上，并说明如感到左手冰水刺痛时，即行按下。结果发现：即使受试者口头报告不痛，可是他的右手总是将按钮按下，实验者除用按钮方式之外，另外采用自动书写的方法，也获得同样的结果。

由以上实验结果看，在催眠状态下，左手所感到的不痛是在催眠暗示下所产生的意识经验，显然受到暗示的影响，致使知觉扭曲。右手按钮所表现的意识经验反而是比较真实的。

社会角色论。部分社会心理学家反对将催眠与睡眠连在一起讨论，他们认为催眠状态下的行为改变，确有其事，但改变的原因并非完全是由于催眠师的暗示所导致，而是由于受试者在动机、情绪与期待上，认同催眠师所说的催眠境界，主动与他合作，类似演员与导演的关系一样。在催眠师的诱导之下，全神贯注投入了一种"假戏真做"的忘我境界。显然，社会角色论把催眠当做一种"信仰"来看。只有受试者完全相信催眠并自愿与催眠师充分合作，才会进入催眠的忘我境界。

必须要睡觉吗

大家都知道，睡眠是一种普遍的生理现象，无论人和动物，在每天 24 小时的生活周期中，都要睡觉。这不禁使我们疑问：人为什么必须要睡觉？如果持续数日不睡，会对身心健康产生什么影响？这类问题，在心理学上尚未有一个肯定的答案，主要有以下三种不同解释。

首先，心理学认为，在一天 24 小时内，人和动物在生活上呈现周期性的活动，何时睡觉、何时进食、何时工作等几乎都有一定的时间，而这些时间是由个体生理作用所决定的。这种决定个体周期性生活活动的生理作用，称为生物钟。

自然界中的一切活动都好像有个生物钟在自动调节。东方破晓，公鸡就起来啼鸣，牵牛花、蒲公英等花儿陆续向着太阳张开了笑脸；日落西山，猫头鹰、地洞里的老鼠等动物纷纷开始了它们夜晚的行动。而夜来香等怕羞的花儿也选择晚上的时间吐露她们的清香。

不仅陆上的生物有着昼夜的作息时间，海洋生物的活动也有作息规律。有一种叫作双鞭毛藻的海洋生物，它全身只有一个小小的细胞，却按照昼夜变化来生活：白天，它进行光合作用；夜里，则闪闪发光。这样一个低等的生物，是怎样知道昼夜变化的呢？

于是，科学家得出结论，从微小的细菌到高等的珍禽异兽，体内都有调节活动的生物钟，有的高等动物体内甚至有几十种生物钟，分别指挥各种活动。那么，人是否也有自己的生物钟呢？通常情况下，人们日出而作，日落而息，科学家由此提出，人们睡眠的周期，正好与昼夜的交替一致。

　　国外曾有很多人自愿参与实验，在山洞里居住了1个月。在那里，没有计时器，不知道外面究竟是白天还是晚上，但他们的醒睡周期仍然与洞外的昼夜更迭同步。可见，人类的醒睡交替，是受体内生物钟控制的。

　　校正体内时间的是人脑中的一种锥体状腺体叫松果体，它控制着醒睡节拍。松果体受光明和黑暗转换的影响特别大，光亮信号通过眼睛后部神经传到松果体，它便根据光亮信号控制血液中黑色素的量。光线暗淡时血液中黑色素增加，光线明亮时黑色素减少，整个人体器官随之出现疲劳或清醒，醒睡状态随之更迭。

　　研究资料表明，人体内存在着生物节律现象。按照生物节律理论，人的体力、情绪、智力呈正弦曲线形式进行周期性变化，处于高潮期时，往往表现为精力旺盛、体力充沛、心情愉快、头脑敏捷、记忆力强；在低潮期时，则反之。如果在临界期时，节奏转化，个体生理、心理处于变化之中，机体各系统协调能力差，因而工作特别容易出错，也易染病。

　　运用生物节律理论方法，可以有意识地指导人们的行为（如学习、工作、生产活动、医疗、手术、考试、比赛等），从而选择最佳时机取得最佳效果，同时又可用以避免各类意外的发生。

　　生物钟之所以形成，除个体生活习惯因素（如经常上夜班者的生理时钟即与一般人不同）之外，主要受一天24小时变化所决定。例如：一天之内的温度有显著的变化，人类身体的体温，在一天内也有显著的变化，在环境温度降低而人的体温也降低的情况之下，个体就会产生睡眠的需求。每天气温的变化规律，大致是午夜至凌晨五时左右的一段时间最低。人类的体温，也正好是在此一时段降至最低。因此，对绝大多数的人来说，晚上十一点钟至翌晨六点钟是睡眠时间。

　　心理学家还从另一个角度对睡眠进行了研究，他们提出了恢复论，认为睡眠具有恢复精力的功能。这种恢复可以从生理和心理两个层面上体现出来。从生理层面上看，个体在清醒时的一切活动如果一直不停，得不到充分休息，那么，无论在神经系统的传导还是在肌肉腺体的运作上，既不能达到充实完美的效果，也无法适时完成新陈代谢。体力消耗后需要睡眠休息，犹如营养消耗后需要饮食补充，是一样的道理。人的体力像一座水库，水库中的贮水耗用到一定程度，必须将出水口暂时关闭，或将出水量减少，以使水库内贮水量增加，维持长久的供水功能。这一生理层面的恢复作用，多半在沉睡阶段发生。

就心理的层面讲，睡眠可以帮助个体完成清醒时尚未结束的心理活动。在学习心理学上早有实验证明，练习过后立即睡觉的人，醒来之后会有较好的记忆。原因是练习后立即睡觉，可供未完成的信息处理工作继续在睡觉时完成。这种心理层面的恢复作用，多半在浅睡阶段发生。对睡眠的研究表明，只有在浅睡阶段才会做梦。做梦是一种心理活动，在梦中，情境常与日间生活有关，甚至日间未能解决的问题在梦中也可能获得答案，这一现象也可作为睡眠具有恢复功能的佐证。

心理学家还提出保养论，保养论是恢复论的补充。按保养论的说法，个体之所以需要睡眠，主要是为了保存精力，以免疲劳过度，危害健康。对维护身心正常功能而言，睡眠具有自动的调节作用。

除上述理论之外，另有一种补充性的理论，称为演化论。按演化论的说法，包括人类在内的各种动物，之所以表现出各种不同类型的睡眠方式，其原因主要是在生存过程中长期演化而来的。人类在夜间睡眠，而且有固定地点，原因是人类缺少夜行能力。为确保安全，免于野兽侵袭，最终演化出先是巢居穴处，继而建筑房屋的适应能力。牛、羊、骆驼之类动物，它们的饮食起居，无定点、无定时，睡眠分段进行，原因是它们居于草原地带，随时都有草吃，而且由于居住在空旷的地方，无固定地点栖身，必须随时睡眠休息，随时觉醒，以便在遭遇侵袭时能随时逃逸。此外，有些动物，诸如蛙与蛇之类，在寒冬季节不能出外觅食，而又缺乏像候鸟那样的迁徙能力，于是经长期适应环境，终而演化出冬眠的能力。

人为什么会视而不见

你有过"视而不见""听而不闻"的经历吗？也许你曾因此在工作、生活或学习上受到损失，事情过后你回想起来会觉得不可思议，可这样的事情下次居然又发生了，这究竟是怎么一回事呢？

原来，它是人的注意活动发生了作用。客观世界是丰富多彩的，人在同一时间内不能感知一切对象，而只能感知其中的少数对象。正如在满天星星的夜晚，我们只能同时看清楚几颗星星，而不能看清所有的星星。同样，在思考问题时，我们的注意力只能集中在少数几个问题上，而不能同时思考所有的问题。

注意是有机体借助脑神经的复杂活动而进行的一种定向反射。确切地说，注意是心理活动对一定对象的指向和集中。通过注意的指向性，人的心理活动有选择地反映一定的对象，而离开其余的对象。例如，我们看戏时，全部的注意都指向舞台上的表演者，而剧场中的其余对象都变得模糊起来。

注意的集中性则反映了人的心理活动停留在被选择的对象上的强度或紧张度，它使心理活动离开一切无关的事物，并且抑制多余的活动。例如，陈景润边走路边看书，这时，他眼里除了书什么都看不见了，以至于一头撞在树上。

学生在认真听课时，心理活动不是指向教室里的一切事物，而是把教师的讲述从许多事物中挑选出来，并且比较长久地把心理活动保持在教师的讲述上。此时，心理活动不仅离开一切与听课无关的事物，而且会对听课无关的、有妨碍的活动加以抑制。这样，对教师的讲课就能得到鲜明和清晰的反映。

　　注意的指向性和集中性表明注意具有方向和强度的特征。由于心理活动对一定对象的指向和集中，注意的对象就能够得到清晰、深刻和完整的反映，而其余对象有的处在"注意的边缘"，多数处在注意范围之外。

　　让我们通过注意的生理机制进一步了解这一规律。注意的生理机制是高级神经活动的诱导规律。当大脑皮层一定区域产生一个优势兴奋中心时，由于负诱导，大脑皮层的邻近区域处于不同程度的抑制状态，使落在这些抑制区域的刺激，不能引起应有的兴奋，因而得不到清晰的反映。负诱导愈强，注意就愈集中。因此，当人的注意集中于某一事物时，对于其他事物就会"视而不见"或"听而不闻"。

可以一心二用吗

传统的经验告诉我们，人不能一心二用，要做好一件事，必须一心一意，心无杂念。

心理学的知识却告诉我们，一心二用符合注意分配的基本品质，指的是人们可以同时把注意指向不同的对象或不同的活动。由此可见，它是人的正常心理功能。

实际生活中，很多情况下需要人们能很好地分配注意。例如，汽车司机边开车边注意来往的行人和车辆，正所谓"眼观六路，耳听八方"；学生上课时边听讲，边看板书，还要记笔记。但注意的分配是有条件的。

在所进行的活动中，必须只有一种活动是不熟悉的，而其他的活动已达到相当自动化的程序。因为熟练的活动和"自动化"的活动只需要小部分的注意，我们可以把大部分注意集中到比较生疏的活动上去。就拿学生上课来说吧，如果学生写字的技能已相当熟练了，他们就可以把大部分注意分配到听课上。但是，小学低年级的学生就很难做到边听课边记笔记，因为写字活动对他们来说还不太熟练。

同时进行的几种活动，如果它们之间毫无联系，则同时进行这些活动是很困难的；如果在它们之间已经形成了某种反应联系，则同时进行这些活动就比较容易。正如汽车驾驶员驾驶汽车的复杂活动，包括换挡、刹车、踩油门、把握方向盘等，通过训练后这些动作形成了一定的反应系统，就可以不费力气地完成各种驾驶动作，并把注意分配到其他与驾驶有关的事情上了。再比如有的女同志有一手熟练地织毛衣的绝活，就可以一边织毛衣、一边听音乐、一边和闺蜜闲谈。

任何复杂的工作都要求人们的注意分配，注意分配的能力主要是在实践活动中锻炼出来的。注意分配对于工人、飞行员、驾驶员、教师和乐队指挥等工作都十分重要，如果不善于分配注意，工作就不能做好，甚至造成事故。

心理学家眼里的学习是什么

说到学习，人们就想到学生在学校读书、写字、做题目。然而，心理学家眼里的学习并不单纯指学校教育里的"学习"，它有一个更加宽泛的概念。

我们每天在各个地方，对各种各样的人或事采取各种各样的行动。早上从床上爬起来，刷牙，对妈妈说"你早"，在脑子里过一下今天要上的课，吃饭，看报，换衣换鞋，说"我走了"，开门，出门以后再把门关上，向学校走去，在路上听听鸟叫声，想一想上午的课，心情一下子沉重起来……想一想我们一天中做的每一件事情，没有一件是天生就会的，它是由什么决定的呢？

心理学家认为，我们的基本的行为方式是受遗传所左右的。但是，遗传并不具体地决定每个人在什么时候采取怎样的行动。几乎所有的行为，都是从我们降生以后不断积累的经验当中获得的。我们不仅通过经验掌握各种行为，而且也从经验那里学习在什么时候、什么地方、如何把我们已经掌握的行为运用上去。于是我们从经验中学到一些东西，把它变为以前我们曾经不会的行为，而且我们能改变自己的行为方式，这在心理学上就叫作"学习"。

就人类的学习而言，学习从广义到狭义大致可以分为三个层次：广义的学习指人类的学习，即学习者除了获得个体的经验（如儿童学习叠被子、系鞋带等）之外，还要掌握人类几千年来积累的社会历史经验以及科学文化知识。次一级的学习指学生的学习，即学生在教师指导下有目的、有计划、有组织、有系统地学习文化科学知识、技能，促进身心的全面发展。例如，学生阅读中外文章、解答数学习题、练习体操动作、养成道德品质等。最狭义的学习仅指学生掌握某一具体知识的学习，例如掌握简单应用题的学习等。无论什么层次的学习都既是一种结果，也是一种过程。

就结果而言，人们在能力或倾向方面获得了一定的变化，这种变化不易观察。有时，人们可以通过对外部行为的反复观测，来对能力或倾向的变化作出适当的推测，进而作出学习是否发生的推论。例如，教师可以从学生身上的某些变化推断出该学生的学习已经发生。一个不会默读课文的学生，通过学习默读，原先不会默读课文的行为发生了变化。学习写字也是一样的道理。有时，一些专业人员可以借助某些工具或量表，来对发生在心理内部的能力或倾向的变化作出适当的测量，进而作出学习是否发生的判断。例如，心理学家可以通过理解测验或态度测验来估量某个儿童的学习发展水平或人际相处程度，教师的命题、考试、咨询等也是一样的道理。一般来说，不能使个体产生能力或倾向方面变化的活动，称不上学习。

此外，有些能力或倾向的变化是成熟的结果。例如，随着儿童的生长，他们的负荷能力会发生变化；到了青少年时期，男女两性会分别出现第二性征的变化。有一些变化则是由于机体的损伤，如肢体残疾或脑损伤所引起的。还有一些变化是由于生化条件，如疲劳、甲状腺功能亢进或基本代谢率低等原因产生的。虽然这些情况都能引起能力或倾向的显著变化，但我们不能把它们称作学习。因为它们不是由经验或练习引起的。

一般情况下，人们经过学习所产生的变化能形成固定的知识或稳定的习惯，从而可以保持较长时间。但是，这种变化的持久性是相对的，它可能随着时间的推移逐渐消退，或由于新的学习取代旧的学习而产生新的变化。

就过程而言，人们获得变化的过程也是经验累积的过程。这种经验的累积不仅体现在学、思、习、行等步骤中，而且还体现在把这种经验予以概括，并转移到其他相关的情境中去。例如，一个幼儿可能会毫不犹豫地去抚摸他感兴趣的发热的熨斗，但当他获得了"烫手"这样的经验之后，恐怕以后再也不会主动去摸发热的熨斗了，而且他还会从中总结出凡是烫手的物体都不能去乱摸的经验。由此可见，习得的变化，是在累积、保持和应用经验的过程中产生的。

学习可以根据不同的标准作多种分类。从结果来看，有运动技能的学习，例如驾驶汽车、跳绳、投篮、跳舞以及各种体育运动等；有认知领域的学习，它涉及假设、推理等复杂心理过程，其基本特征是具有抽象性，包括符号化、领悟、预期、复杂规则运用；有情感领域的学习，包括心境、激情和应激的调节，道德感、理智感和美感的形成等。例如，学生在态度取舍、品德学习、价值取向等过程中会逐渐习得好恶和偏爱。这些习得的情感直接制约着学习的兴趣、决心、持续时间、注意力、自制力以及认识事物的程度。

上述三个方面，只是为了便于分类和研究而人为地抽象出来的。在实际的学习活动中，它们不是孤立地存在着的。人是统一的单位，当他进行学习时，一般是作为整体来反应的，这样的反应不同程度地包含着运动技能、认知和情感三种成分。例如，在学习打羽毛球这一运动技能时，学习者总会想到自己在干什么，会对自己学习过程的一般性质和意义产生某种想法，同时伴有乐趣或枯燥、喜欢或不喜欢、欣赏或厌恶等体验。同样，当一个人从事认知活动时，身体其他部分也会产生相应活动。例如，当学生想象春游那天爬山的情景时，其臂部肌肉和腿部肌肉会出现周期性的脉冲信号（用生理描记器可以测出），情绪上还会伴有兴奋、激动等变化。情感的学习也是如此，积极的情感产生进取的意向和延续的运动，消极的情感产生撤退的意向和躲避的运动。可以说，几乎每一种学习都有其运动的、认知的和情感的成分。

动物能否学习人类的语言

  人类的沟通可以通过语言来进行，在自然界，动物也能在同伴之间通过特殊的语言方式进行交流。例如，蜜蜂回巢后的舞蹈形式能告诉同伴花源的方向与距离，蚂蚁在寻食、搬家时能通过自己的语言进行相互间的配合，猫和狗可以通过声音或动作传递信息。母鸡带小鸡，边走边发出咯咯的声音，也有沟通的语言功能；海豚拍击海水，也能发出类似口哨的声音与同伴联络等。

  那么，动物能否学习人类的语言呢？近年来，科学家们对黑猩猩能否掌握语言的问题进行了深入的研究。

  在所有的动物中，黑猩猩的体型及生理结构都与人类类似，是人类"近亲"。早先，一些学者试图教黑猩猩说人话，结果都以失败告终。原因何在呢？心理学家发现，黑猩猩的发音器官不同于人类，因而无法发出与人类相同的声音。

  通过进一步的探索，人们发现，黑猩猩对人类语言发音困难，并不代表它不具备学习人类语言的能力，这一点可以从生下来就哑的人缺乏语言表达能力，但并不缺乏语言学习能力的现象中得到验证。基于这一发现，心理学家开始探索如何跨越黑猩猩发音的障碍，使黑猩猩在语言学习中发挥其语言学习的潜能。

  黑猩猩的思维属于动作思维，它的思维完全依赖于它所摆弄对象的动作，科学家们利用这一思维特点，开始了训练黑猩猩学习人类手势语的尝试。1969年，心理学家比阿特利斯和艾伦训练一只名叫瓦苏的1岁雌猩猩学习美国聋哑人使用的美国手势语。他们运用了许多操作训练方法。训练中，将瓦苏的手臂、手指动作逐一加以矫正，最后定型，同时，再予以一定的刺激，一旦瓦苏反应恰当，手势正确，立即给予食物进行强化。经过一系列简单的手势语训练，瓦苏掌握了基本的美国手势语，而且开始能用一些手势语与实验者交谈。

瓦苏的成就震惊了科学界。瓦苏在头两年里，学会了38个不同的手势，而且在很多场合，瓦苏在使用手势语时，往往表现出类似儿童口语发展的特点，同样，也犯一些相同环境下 1～2 岁儿童易犯的错误。瓦苏可以通过手势语对周围环境进行描述，描述某样东西归谁所有，某种东西的数量和质量等。瓦苏还会总结周围不同人的手势语，犹如儿童首先归纳他们新遇到的字词的意义一样。例如，瓦苏在看到狗的图片或者听到狗叫时，也能打手势表示狗。

进一步研究发现，随着年龄的增长，瓦苏语言学习不断进步，表现出与同龄儿童惊人的相似。到了 4 岁时，瓦苏已学会了 85 种手势，更重要的是，她能用 4～5 种不同的手势来组成一个简单的"句子"。有时，她组成的句子既富创造性，又令人大为惊奇。如第一次看到天鹅，它称之为水鸟，而在此之前，它从未见过天鹅，周围人也从未教过它。到 5 岁时，瓦苏已长得十分强壮了，人们将它迁到动物园中驯养。此时，它已学会了 166 个手势，并已学会如何用手势组成一系列有趣的句子。

瓦苏成为第一只或许也是最著名的"说人话"的猩猩。但显然，它掌握的只能是原始的人类交际系统。而第一只"计算机黑猩猩"卡拉，是用敲击与计算机相连的键盘上的几何图形来组成句子、传递信息的。卡拉在有关专家的指导下，除了学会对几何图形构成的人工语言按键作出恰当的反应外，还能够与人进行一定的交流。例如，如果实验者将 6 种不同颜色的东西放在卡拉面前，用以表示不同的信息，然后问它"绿色的东西叫什么？"卡拉能正确回答出来。名叫谢尔曼与奥斯汀的两只黑猩猩学习了与卡拉一样的符号系统，并敲键对相应信号作出反应，结果发现，如果排除环境变化及环境差异的影响因素，两只黑猩猩的语言水平与相应年龄的儿童类似。

如何看待黑猩猩学习语言的成就？能否下结论说类人猿也能掌握人类语言呢？有些科学家认为，这些动物的行为类似人类的语言活动，它们能理解并能表述一系列的语言联系，并能"创造性"地使用手势语，能对脱离其目前环境的东西加以描述。更引人注意的是，有些黑猩猩所达到的语言水平与幼儿的语言发展有惊人的相似。这似乎可以证明，动物也能掌握语言，也具有语言交际能力，持这种观点的学者相信，动物与人类的语言能力间并没有不可逾越的鸿沟。

然而，也有一些心理学家认为。这些黑猩猩并未真正掌握所学的语言。也未能像人一样，富有表现力地控制语言和重复语言。它们绝大多数的"语言"都必须借助于手势，通过机械性的模仿而得到，其实质并不是真正地掌握了语言。人们只是用揣测的想法来分析黑猩猩对人类行为的模仿而得出黑猩猩具有语言能力的结论。

然而，赞成动物与人类语言能力相似的人又反驳说，以上的指责是不公正的。儿童一般须经过十年以上的语言训练才能正确理解并使用语言，然而没有哪个类人猿能接受如此漫长的正规训练，其所处环境也远不如正常儿童那样丰富多彩和得天独厚。而且，对黑猩猩进行语言训练，其条件也远远赶不上对正常儿童的训练。

直到现在，心理学家们对黑猩猩是否具有语言的问题仍争论不休，至今仍没有一个明确的答案。

舌尖现象

现实生活中，你可能会有这样的体验：遇见一个熟人，你想跟他（她）打个招呼，却突然说不出他（她）的名字了，好像就在嘴边，却怎么也想不起来。你知道你没有忘记他（她）的名字，你可以肯定地说，如果把他（她）的名字和其他人的名字摆在你面前，你能够指出来，可眼前就是叫不出来。生活中这种现象常常发生，心理学上称之为"舌尖现象"。

现实生活中还有这样的例子，在你离开一个地方后，比如你以前待过的学校，你可能会逐渐淡忘了在这里发生的种种事情，忘了曾经拥有的快乐童年，忘了曾经朝夕相伴的小伙伴。不过一旦你再次回到这个环境，往事说不定会波涛汹涌般撞击你的每一根神经，感觉自己仿佛又回到了那消逝已久的快乐时光。这就是为什么很多老人喜欢寻访自己过去曾经生活过的地方的原因。对他们而言，不曾改变的环境记载了他们的历史，每到一个地方就是在阅读自己曾经度过的欢乐时光。

一种广为接受的观点认为遗忘主要是因为我们找不到回忆的线索。对记忆的内容而言，记忆过程发生的时间、地点包括当时的心情，以及与这些内容有关联的东西都构成了以后回忆这些内容的线索。在回忆的时候，如果一时想不起来，便可以通过这些线索追忆起来。我们在日常生活中就是这样引导他人回忆他已经忘记的事情。比如，你的一位同学向你借什么东西忘了还，你向他要，他说没有这回事呀，于是你就跟他讲，哪一天、在什么地方、还发生了什么事情、他说了什么、你说了什么、谁还在场等。这些都是回忆的线索，我们就是这样不自觉地利用线索来帮助回忆的。这些线索可以是一个人、一个地方、一首老歌，一件事情等等。

这样想来，许多记忆现象也都是可以用记忆的线索来解释的。比如，大家可能觉得做填空题要比做选择题难。其实，做填空题就相当于让我们回忆，做选择题就相当于让我们辨认。辨认比回忆要容易，因为辨认本身提供的线索很明确，而且丰富，而回忆有时根本就没有任何线索。这就是为什么当你想不起来时，给你点提示你就能想起来，或者干脆把所有可能性摆在你面前，你能够把它准确无误地挑选出来。

读者可以仔细回想一下，生活中就有很多这样的例子。你想不起来某件事情，先放在一边，不去想它，过一段时间你居然想了起来，你是怎么想起来的呢？很多情况下都是因为你先想到了别的事情，然后再联想到这件事情。下一次，真有什么事情想不起来，别着急，也别埋怨自己，你可以试着采用寻找相关线索的方法回忆，看你是否能够想起来。

心理学家曾经做过一项实验：让两组人在两个不同的房间里学习同样一份材料，学习完成之后，让每一组人中的一半留在原来的房间做测验，另一半到另一组人学习的房间去做测验，结果发现留在原来房间参加测验的人平均成绩都好于去另一个房间做测验的人。心理学上把这种现象叫做记忆的场合依存性。心理学家还发现，如果让这些到另一个环境参加测验的人想象他们就是在原来学习的环境下做测验，通常他们都会做得好一点。这个实验证明环境对我们的学习是有影响的，通过这个发现，我们不难理解为什么有些同学平时学习成绩虽然很好，每次参加比赛总是拿不到名次，或者参加大考，却考不出来好成绩。在学校学习期间，基本上是在什么地方上课就在什么地方考试，不能很好地培养我们在环境中的应变能力。不过，反过来，对那些想提高成绩的同学来讲，如果事先知道会在什么地方考试，不妨就到这个地方去学习，这也是利用心理学知识提高考试成绩的一种方法。

学习中的干扰现象

很多人在学习中都有这样的体会：记忆一篇材料时，首尾部分容易记住，而中间部分却容易忘记。

这可以用心理学上的干扰理论来解释。这一理论认为，人之所以发生遗忘，是由于先后学习的材料之间发生了相互干扰。让我们通过一个有关记忆的实验了解一下这一理论。

心理学家把参加实验的人分为甲、乙两组，让甲组学习两份材料，然后回忆其中的一份材料，乙组只学习一份材料并回忆这一份材料。实验分两种情况进行，见下面图示说明：

实验一：

甲组：学习材料 A　学习材料 B　回忆材料 B

乙组：休　息　　学习材料 B　回忆材料 B

实验二：

甲组：学习材料 A　学习材料 B　回忆材料 A

乙组：学习材料 A　休　息　　回忆材料 A

结果发现，在这两种情况下，乙组的回忆成绩都明显好于甲组。用干扰说很容易解释为什么会出现这种现象。在第一种情况下，甲组在学习材料 B 时受到了已经学习的材料 A 的干扰，而乙组在学习材料 B 之前没有学习其他内容，因而没有受到干扰，所以回忆成绩好于甲组。第二种情况下，甲组在学习材料 A 之后又学习了材料 B，因而影响了刚刚学习的材料 A 的保持和回忆。而乙组在学完材料 A 之后就休息，没有受到什么干扰，所以回忆材料 A 的成绩优于甲组。心理学家把第一种干扰叫前摄抑制，把第二种干扰叫做倒摄抑制。

前摄抑制和倒摄抑制一般是在学习两种不同的、但又彼此相似的材料时产生的。但学习一种材料的过程中也会出现这两种抑制现象。如学习一个较长的词汇表或一篇文章，往往是首尾部分记得好，不易遗忘，而中间部分识记较难，也容易遗忘。这是因为起始部分没有受到前摄抑制的影响，末尾部分没有受到倒摄抑制的影响，中间部分则受到两种抑制的影响，所以回忆成绩就差。

许多研究表明，倒摄抑制的干扰作用的强度受前后所学的两种材料的性质、难度、时间的安排和识记的巩固程度等条件的制约。如果前后学习的材料相同，后继的学习则是复习，不会产生倒摄抑制；如果前后学习的材料完全不同，倒摄抑制的作用则最小，当前后学习的材料相似但不相同，则最容易发生混淆，其倒摄抑制作用最大。先学习的材料巩固程度越低，受倒摄抑制的干扰越大；反之，则越小。如果恰在回忆 A 材料之前学习 B 材料，倒摄抑制的影响最大；学习 A 材料之后立即学习 B 材料，倒摄抑制的影响次之；在学习 A 材料后和回忆 A 材料前有一时间间接学习 B 材料，倒摄抑制的影响较小。

记忆过程中的这个规律对我们的学习有什么启示呢？首先，为了全面记住所学习的内容，我们在复习的时候应该尝试从中间部分开始复习。其次，注意休息，休息可以消除前后的干扰。

进一步研究还发现，前后干扰跟学习材料的相似程度有关。前后学习的材料越是相似，干扰越大，学习的效果越差；学习的材料差异越大，干扰越小，学习的效果越好。我们可以把这一点发现用于合理安排学习计划或者课程表。最佳的学习计划应该尽量避免相继学习两类相似的内容，如学习了语文后接着学习历史，或者学习了数学后接着学习物理。

理想的安排应该是在学习了语文后，接着学习一门与语文相似程度低的学科，如数学或者物理，然后再学习历史。当然，两门学科之间最好是留点时间来休息放松一下。谈到学习，我们就顺便提一下：先前学习的内容如果我们已经很熟悉了，那么它对后面的干扰不会很大。不熟悉的材料和熟悉的材料间隔学习，除了减少干扰之外，也能减轻我们大脑的负担，所以学习效果也会相对好一点。记忆规律对学习来说是很有帮助的，我们的学习的过程中要善于应用这些记忆规律，把这些记忆规律转化成学习的策略、方法。

目击证人的证词可信吗

　　每年都有很多的犯罪案例，只能靠目击者的证词作为指控被告的证据。不幸的是，目击者凭借记忆所作的指证，常常与事实有很多出入。目击者证词所犯的这种错误往往造成了一些冤假错案的发生，人们不禁对目击者凭借记忆所作证词的可信度心存疑议。心理学的研究结果为此提供了相关的证据。

　　目击证人事后凭记忆所作的陈述，与当时的事实真相可能有很大的出入。这种所见与所记不一致的现象，被称为记忆扭曲。记忆扭曲是常有的事，例如，同样是看一本书或是看一场电影，事后回忆起书或电影中的情节时，不同的人可能有不同的答案。早在1958年，心理学家就开始进行长时记忆扭曲的研究。研究者设计了一项实验，实验采用接力转述故事的方式进行。首先给第一个被试者提供一个图片，图片中的情景是这样的：在地铁车厢中，有很多形态各异的乘客。其中，有两个男性乘客对面而立，一位黑人乘客西装革履，而另一位白人乘客左手紧握一把刀子。心理学家让第一位被试者详细看过图片后再凭借记忆转述给第二位被试者，第二位被试者再将听到的一切转述给第三位被试者……如此进行下去，发生了令人愕然的情况：经过几次转述，原来在白人手中的刀子被描绘成在黑人手中了。

　　1974年的另一项实验为：在所有被试者都看了两辆车相撞的事故录像后，问他们一些问题，一些被试者的问题是：当两辆车撞毁时，车子开得有多快？另外一些被试者的问题只有一字之差，是用动词"相撞"代替了"撞毁"。结果显示，前者回答是平均时速每小时40.8英里，而后者是每小时34.0英里。一个星期后，再问他们是否看到了撞碎的玻璃，尽管录像中根本就没有玻璃撞碎，但前者有32%的人回答"有"，而后者只有14%的人作出了同样的回答。由此可见，实验者所提问题的不同问法，影响了目击者的回答。

如何解释这种记忆扭曲现象呢？一般同意如下的观点：

1. 人的眼睛不同于照相机，耳朵不同于录音机。个体最初接受外界刺激，进行信息处理的方式是选择性的，很可能在开始的感官记忆或短时记忆阶段，根本就未将刺激的特征如实接受。

2. 即使外界的信息已进入长时记忆，在储存的过程中不断和新的信息交互作用，记忆者难免会产生认知结构的改变，而记忆的扭曲，可能就在这种作用的过程中发生。

心理学家的研究为我们理解目击证人记忆的扭曲现象提供了更多的参考，他们总结了对目击者证词研究中的结果：

1. 证人的自信程度并不能证实证词的精确性。

2. 证人通常高估事件的持续时间。

3. 证人对事件的证词部分依赖于他们在事后获得的信息。

4. 证人对事件的记忆表现为正常的遗忘曲线。

5. 证人的证词受提问的用词方式影响。

6. 与有几个证人相比，只有一个证人时，作出误证的风险性增大。

那么，我们在案件审理中怎样才能够提高证人证词的准确性？心理学在这方面的进一步研究为我们的实际工作提供了借鉴：

1. 可以通过重访事故发生的地点，再造事故发生的心境状态等方式使证人便于同记忆中的痕迹发生最大的重合。

2. 证人应该报告与事件相关的任何可能的信息，哪怕是不完整的或者是断断续续的。

3. 运用不同的提取线索，让证人从不同角度报告事故的细节。例如，让另一个证人从不同的角度报告事故。

4. 证人以不同的顺序回忆事故的细节，最初回忆起来的细节可以作为其他回忆的提取线索。

5. 调查者应该让证人慢慢说，提问时应有时间的停顿；尽量使用适合证人的语言，并进行解释性说明；努力减少证人的焦虑；避免作出个人判断与评论。

你知道测谎仪的原理吗

你注意到自己撒谎时的反应吗？很多人会因此感到心慌意乱，同时，还会伴随着脸红、口干舌燥、说话结巴、肌肉紧张、心跳加快、血液上冲、皮肤出汗等生理上的反应。确实，通过先进的生物反馈手段和电子技术进行检测，可以发现人在言不由衷时，身体的一些体征会不受控制地发生瞬间变化，例如血压升高、心律及内分泌紊乱、脑电波失常、皮肤阻抗变小等等。

科学家们正是根据人在撒谎时不能控制其身心变化的原理设计出了测谎仪。测谎仪在工作时，受试者身上连接了测谎仪的管线：右上臂的缚带记录脉搏心跳，围在胸部和腹部的小橡皮管测量记录呼吸的速度次数，套在左手手指上的两条测验管则用来测量皮肤电流反应，借以了解皮肤的出汗状况（一般说，人在紧张的情绪状态中时，神经活动引起皮肤内的血管收缩或舒张和汗腺分泌活动的变化，导致皮肤导电电流增加，电阻下降）。所以，通过测量一个人的生理变化来了解其情绪状况，也就成为一个重要的测量情绪的客观手段。

这样，所有测定的数值都可以通过振动式描针记录在定速活动的纸带上，测试者可以根据条纹纸上的曲线形态对照人体正常生理曲线进行分析。一旦当被测人在回答问题时信号出现异常，便有很大的可能是他正在说谎。

测谎工作实际进行时，测试者会询问一些与案情毫无关系的"中性"问题，这样做的目的是想留下被测者在情绪不大紧张时的记录。被测者对所有问题的回答，一律采用"是"或"不是"的方式，被测者对中性问题回答时在呼吸、心跳和皮肤电流反应上的曲线，可以作为其三方面生理反应的基线。

有了作为参照的基线后，测验者再在不同的时间、向被测者询问两类不同的问题：一类是与案情直接有关的"重要问题"，除了重要问题外，测验者也会向被测者问一些控制性的问题，然后根据回答时反应在三种曲线上的变化来分析他是否说谎。

下面，让我们来见识一下对一起银行被盗案的犯罪嫌疑人进行测试的过程。当三只分别测皮肤、呼吸、脉搏的传感器分别固定在犯罪嫌疑人王炳身体的相应部位后，测试专家李博士开始发问：

"你叫王炳？"

王炳毫不犹豫地回答："是的。"

李博士接着发问："你愿意诚实地回答我所提出的一切有关昨天晚上银行被盗案的问题吗？"

"是的。"王炳又表示了肯定。

当王炳坐在座位上回答问题的时候，测谎仪的振动式描针绘出了曲线图形。

李博士提出了第三个问题："你以前曾试图偷过别人的东西，是吗？"

王炳并不知道，他过去的种种情况对施测者来说根本就是无关紧要的，他们只是想借这些对照问题，让受测者撒个小谎。事实上王炳嘴上虽说没有，但他内心不得不承认，他曾有一次想偷室友的钱，但是他为了要给人一个好印象，就必须要用说谎来掩饰其内心曾有的犯罪意图，他这种内心的冲突，就通过测谎机绘图针的振动显示在纸上。

李博士问出了关键性的第四个问题："昨天晚上有人看见一个很像你的人匆匆忙忙从银行走出来，那人就是你吗？"这是目前为止第一个与这案子有关的问题。

王炳给出了否定的回答。

接着，李博士问了第五个问题："你在来银行工作之前经常向朋友借钱，对吗？"显然，这又是一个对照问题。按理说，一个无辜的受测者会由于道德观念的冲突，而对于这些对照问题表现出很不安的反应，致使测试曲线上升。由于无辜者并没有犯案，所以对于那些与案子有关的重要问题的反应不是那么的强烈。

然而说谎者的反应恰恰相反：他对于那些与案子有关的重要问题的反应，要比对于那些无关的对照问题的反应来得强烈，这可由测谎机绘图针的振动得到证明。

这样，李博士总共问了 10 个问题：包括与案子无关的、有关的以及对照的问题，而且所有的问题在问完之后，都重问了一次。

根据测谎后的分析结果，李博士确定王炳撒了谎，虽然他否认一切有关银行被盗的问题，但是他在回答这些问题时，却显现出最强烈的反应，测谎仪就是凭借其身体的反应来提供施测者判断真伪的依据。经过办案人员锲而不舍的追查，终于使王炳供认了他的罪行。

尽管测谎仪使很多案件的侦察有了明确的结果，但是，人们对测谎仪能测出人们撒谎行为的准确性却心存疑议。有人认为，测谎仪对于那些心理素质太差和太好的人都不管用。的确，传统的测谎仪主要测人的心电反应，呼吸反应和皮肤电流反应。而引起被测者生理异常变化的原因，未必一定是说谎的缘故。受审讯时任何刺激都可能导致生理发生异常变化。试想，你什么罪也没犯，但被当做疑犯看待，关在一个封闭的房间里，身上缚上很多导线，你还能坦然无事地接受如此这番反复的盘问吗？相反的情况是，如果你是一个惯偷，那么测谎仪也许根本对你就不起任何作用，因为反复的练习使得你视偷窃为家常便饭，从而练就了一副从容不迫应对紧张环境的本领。

后来出现的一种声压分析器改进了传统测谎仪的不足，它的主要原理是：人在情绪平静时，声带放松、声波正常，而情绪紧张时无法控制声带震动。声波不正常的现象对当事人的声音进行分析，不用在人身上放任何仪器，甚至不要当事人在现场，采用电话录音也可以分析。只要将测谎专家与其谈话的录音置于声压分析器中，以平常四分之一的慢速播放，并分析声音的波形，就可以判断他是否说谎。

随着现代生物反馈技术和电子技术的发展，测谎仪的技术越来越先进。如今，融合了最新计算机技术的测谎器，其灵敏度要比过去的同类设备高出很多倍，准确率几乎达到百分之百。尽管如此，关于测谎仪的使用还是存在问题。由于测谎通常是强制性的，在测试过程中，提问者经常会问一些涉及个人隐私方面的问题，因而带来了一系列道德、伦理上的问题，使得情况变得十分复杂，导致相当多的人拒绝接受测谎。尽管如此，测谎仪已作为一种行之有效的辅助侦查手段和工具而得到越来越多的运用。

肥胖是怎样产生的

肥胖症就是现代人的一大烦恼。一般情况下，个人体重超出理想体重的20%，即可视为体重超常。若是体重超出理想体重的50%，即可视为肥胖症。例如，对于中国人来说，一个身高为170公分的男性，理想体重为65公斤左右，如果超过97.5公斤，即为体重肥胖。肥胖不仅给人们的生活带来不便，影响个人的自尊、自信，更为严重的是，它是健康的敌人。肥胖是糖尿病、高血压、心脏病等疾病的主要原因。所以，肥胖不是福，而是祸。

提到肥胖，一般总会想到"吃"的问题。事实上，吃得多只是原因之一。形成肥胖的原因多而复杂，只有了解了肥胖的原因，才能采取一定的对策来控制体重的增长。

肥胖的产生与文化遗传因素有很大的关系。从进化心理学的观点看，"有机会就吃"是人类祖先从生活艰苦时代留下来的文化遗传。古代人谋食不易，得到食物时尽量填在肚皮里，借以贮存而备以后熬过饥饿阶段。这种文化倾向流传下来，积淀在人们的心理深处。即便是现代生活食物充足，而潜意识的心理倾向却仍然存在。吃了过多食物，吸收了过多热量，就难免形成肥胖。既然如此，少吃食物，少吸收热量，不就可以避免肥胖吗？问题绝非如此简单。

根据节食减肥者的经验，节食一段时间，一旦发现体重稍减，多吃的毛病就立即重犯。这是节食减肥极难成功的原因。节食是一种勉强的、理性的、违反本意的自我限制；此种自我限制，只能维持在意识层面。在潜意识层面下的食欲，时时不忘冲破限制，获得饱餐的满足。结果是节食减肥之后，一旦开禁吃得反比以前更多。可见，文化遗传因素对人心理上的影响是很大的。

很多人都有这样的经验，人的食欲与情绪有着很大的关系。心理学家的研究发现：一般人通常是焦虑时食欲降低，食量减少；而肥胖者在焦虑时反而食量大增。心理学家甚至发现，肥胖者不仅焦虑时吃得更多，而且在其他任何情绪状态下，都会增加食欲。心理学家曾以肥胖者与正常体重者两组人为受试者，让他们先后用四段时间，分别看四部电影：一为悲剧片，二为滑稽片，三为性感片，四为旅游纪录片，目的在激发观赏者的悲哀、欢乐、性欲、平淡等不同情绪。在每段影片观赏过后，实验者要受试者品尝各种不同品牌的饼干，并请他们尽量取用，目的在观察情绪与食欲的关系。结果发现：肥胖者看过前三部带情绪的影片之后，在所吃饼干的数量上，远比第四部之后多。正常体重的人，在食用饼干的数量上，没有发现与影片的性质有任何关系。

按一般人的经验，只有情绪好的时候才胃口大开，为什么肥胖者在焦虑时食量也会大增呢？对于这一反常现象，心理学家的解释是：可能是父母在育婴期间，因缺少经验，使婴儿养成了不良习惯。婴儿常因多种原因（尿床、太热、太冷、身体不适等）而啼哭，而饥饿只是原因之一。父母可能缺乏育婴知识，误认为只要啼哭，就与饥饿有关。于是，只要婴儿啼哭，父母就立即喂奶；结果使婴儿无法学到什么是饥饿、什么是难过的辨别能力。

另外一种解释是：肥胖者在焦虑时爱吃，可能是一种学得的不良适应。因为口中咀嚼时，会使脸部肌肉紧张度减低，使人间接感到情绪的紧张也随之减低（嚼口香糖的效果在此），久而久之，由口嚼动作演变成口吃食物，凡是遇到焦虑情境时，即以吃东西的方式来适应。这种说法，与"借酒浇愁"的适应方式颇为相似。

人之所以肥胖还有可能是受到外在诱因的影响。试想，一盘色、香、味俱全的美味佳肴放在你的面前，你能挡得住这巨大的诱惑吗？而且，肥胖者对食物的诱惑特别敏感，即使肚子不饿，只要美食当前，他总是不会像瘦人那样客气。这是胖子之所以胖的原因之一。

现代人之所以容易肥胖，除上述三大原因之外，还与缺少运动有很大关系。这样，在"吃得好"又"动得少"的情形之下，身体新陈代谢率过低，使过多的卡路里不易消耗，自然会有越来越胖。

肥胖成了现代人的一大烦恼，各种瘦身运动风靡一时。其中，靠节食来控制体重成为一种基本的手段。然而，很多人不懂得怎样科学地节食，科学的节食必须综合考虑导致肥胖的多种原因，应配合自己的体质、年龄、骨架大小、健康状况等条件，然后在生活条件的许可下，去追求控制体重的目标。否则，如盲目节食，轻则影响健康，重则可能由节食演变为拒食，甚至恶化成神经性厌食症。

综合节食的经验，必须注意以下几方面：

养成用餐定时、定量、定点的习惯，除一日三餐外不吃零食；

养成细嚼慢咽的吃饭习惯，这样可以控制进食量，减少身体的负担；

养成吃饭不处理事务的习惯，例如不看报、不读书等，以防产生肚子饱了嘴不饱的不良习惯；

尽量不吃或少吃巧克力、冰淇淋、汉堡、花生等脂肪与糖分多的食物；

节食时应注意避免偏食，以免造成营养不良或者因过度虐待了自己，一有放松的机会就失控，结果前功尽弃；

养成吃清淡食物的习惯，尽量少用调料，少吃刺激性食物，以此减少食欲的外在诱因；

少与贪吃的人共餐，以免受其影响；

吃自助餐时，选用小一号的盘子，尽量减少食品的摄入量；

节食的同时应配合适当的运动；

节食减肥必须持之以恒，否则，即使通过节食可以暂时减少体重，一段时间后，还会出现反弹的现象。

人为什么会服从权威

在社会群体中，人们是否会对一些高地位的群体表示无条件的服从？当一个权威人物命令你去干一件你不愿意干的事情时，你是否会放弃原则去执行权威的命令？这些问题涉及了一个普遍的社会心理现象——对权威的服从。

人们在群体活动中有时会对一些领导、师长、各类知名人士等权威表示服从。对权威人士的服从可能是出于对权威的敬仰，发自内心的信服，也可能是对权威的惧怕，违心地屈服。一般来说，人们的服从行为可能与其本人的内心愿望有一定的距离，而又不至于引起内心强烈的矛盾和冲突。但当权威的要求与个人的道德和伦理价值观发生很大的矛盾时，个人如果违背自己的良心而服从权威的命令，就会感到惶恐不安。

心理学家曾经实施了一项服从的实验，以探讨个人对权威人物的服从情况。

当"学习者"与"老师"不见面时，双方表现的情感很少，当"学习者"与"老师"有密切接触时，服从的数量从将近100%降到30%。

在战争情况下，当命令要求向一个无助的村庄投炸弹时，极少数士兵会违抗命令。但是，当命令要求士兵杀害一个单独的村民时，很多人无法开枪，甚至无法拿枪瞄准他。当情境个人化时，人们通常表现出更多的同情和怜悯。

当面提出要求时，服从的现象会增加。当通过电话传达要求时，服从的比例降到了21%。当然，权威必须被认为是正当的。

学术机构的名誉和声望对权威产生了很大的影响。

如果有一个或少数几个人藐视权威，那么，其他人也会很容易这么做。

实验清楚地显示，很多人会不容置疑地按权威的指示行事，即使这会给其他人带来明显的痛苦。

许多在个案研究中提到的实验，由于道德原因仍无法进行。但无论如何，现实生活中有许多和群体暴行有关的例子，如在二战中纳粹对犹太人的残害就为上述实验的发现提供了很好的证明。普通人只是简单地做了他们的工作，且并无特别的敌意。然而，正是这些人可能成为一个可怕的毁灭过程的参与者。换句话说，在团体环境中，好人有时候也会做坏事。

在一个根据地位等级建构的组织中，服从权威是很正常的，医院就是这样的一种组织。在其中，有些人比另一些人更具权威性，因而可以发号施令。例如，一个你不认识的医生让你配给病人明显过大剂量的药品，你会怎么办？你会服从他吗？或者你会对他的命令提出质疑吗？

心理学家让一群护士及护校学生回答这样的问题，他们中的大多数人说，他们会拒绝执行这样的命令。但是，当 22 个护士真正面临这样的命令时，除一个人外，她们都毫不怀疑地执行了命令（直到他们在找病人的途中被拦下告知真相）。一些心理学家认为，护士们遵守一个根深蒂固的观念：医生命令（一个正统权威），护士遵守。另外有心理学家通过"耳道痛"的案例提供了另一个例子。一个医生为右耳感染的病人开了"耳滴剂"，处方上将"滴入右耳"简写成"滴入 R 耳"（Rear）后，护士顺从地将同等剂量的药灌到病人的直肠中。由此可见，一些时候，服从竟然比常识还重要！

对权威的服从解释了利用高地位或权力施行单方面的影响这一现象。一般来说，在服从中，一个人仅仅是按照命令行事，而并没有经历态度的改变。有证据证明，即使人们感到某种要求在道德或伦理上无法接受，他们仍会选择服从命令。

印象管理

我们都有过类似的体验：在面谈或约会中穿得很整洁；待人接物时用一种很客气的态度和语气；假装对老师的一次令人厌烦的演讲感兴趣；当祖父母来时表现出良好的行为；即使在多云天也戴太阳镜，显得很"酷"；用一些非语言的沟通创造一种稳重的印象……上述都是印象管理的表现。

印象管理指的是在人和人的知觉过程中个体试图操纵或控制他人以形成对该个体的印象。

一般来说，影响对人的印象的因素不外乎有三种：第一，被知觉人的特征，例如面部表情、外貌、体态、年龄、性别、地位、人格特征、行为等。第二，知觉者的人格特征、价值观、态度、当前心境、过去经验等。第三，知觉时的情境，例如当时的天气、环境、周围的人群等。

在人际交往过程中，尤其是第一次交往过程中，我们有时会有一种印象管理的倾向，它首先表现为印象动机。人们的印象动机受很多因素影响。有时对印象管理有强烈的动机，有时则很少或没有。例如，为工作面试准备穿着的人可能敏锐地意识到要给主试留下美好的印象。但当会见老朋友时，他可能不大会过分关注穿着问题。印象管理的动机是个体在物质、安全、自尊、人际交往和自我实现等方面需要的驱使之下作出相应行为的驱动力。

印象管理还表现为印象建构，是指个体有意识地选择要传达的意象。例如，一个妇女要应聘一个银行管理职位，她可能重写她的简历以强调工作年限（显示稳定和可靠）并略去其在跳伞运动方面的爱好（不展示其鲁莽的一面）。

印象管理也存在着个体差异。然而，总的来说，几乎每个人都关注他对别人的印象,尤其在组织中,对他人的印象可能对雇员的职业生涯有重要作用。正如一位想转变别人对自己形象看法的技术人员所说:"我必须学习新的业务,驾驭复杂的办公室人际交往,并考虑怎样去影响有时对技术专家怀疑的那些非技术类人员。总之,我必须转变观念,把自己从一个配角人员转化为一位颇有策略的思想者。"在这一动机的激发下,他学会了探究别人的观点并与同事共事,发展大家都愿意去实现的想法,学会怎样去妥协和怎样聆听。结果,相信他的同事们对他的知觉已戏剧性地变好了。

孩子为什么不愿上学

学校是一个人成长的重要场所，在学校里，孩子可以摆脱没人玩的烦恼，和很多的伙伴一起学习和玩耍。学校里的各项教学活动可以满足他们的求知欲，帮助他们在探索中不断成长。而丰富多彩的校园活动，也满足了孩子们活泼好动的心理，疏泄了他们充沛的精力。然而，很多的家长却经常面临着一个共同的困扰：孩子不愿上学。

孩子不愿上学，原因无非是学校的吸引力日益减少，或是因为孩子在学校里经历过一些不愉快的体验，使得他们对学校产生了本来不应该有的恐惧感。或许，我们可以借助心理学中的理论对此作一番了解。

美国的行为主义学习理论认为，人类的一切行为，其构成的基本要素是反应，一切行为表现都是多种反应的组合。而这样的反应，除少数是生而具有的反射之外，其他都是个体在适应环境的过程中，与环境中各种刺激之间建立起条件反射所形成的。

上述理论所强调的人在学习中建立的刺激—反应联结，可用以解释教育上很多基本学习现象。例如教幼儿初学单字所用的图形与字形联对法，使得幼儿在图形和字形之间建立起了条件反射，以至于看到图形就会想起字形。又比如在某些并不具有伤害性的情境中，儿童却表现了恐惧或焦虑反应，这些反应都是在经验中所形成的条件反应。

当然，经条件反射作用学习的情绪反应，除负面的情绪（如恐惧焦虑等）外，也可能有喜欢和爱好等正面情绪。例如因某科目学业优良受到奖赏而感到快乐，将会因而对该科课程也发生兴趣，或因喜欢某个教师而喜欢他／她所教的学科等。

　　心理学家认为，由条件反射作用所学到的情绪反应也会随着情境中刺激替代作用而类化，例如，学生会因某科考试成功而喜爱该学科，可能也因之而喜欢同类学科。学生因对某学科产生恐惧而对于听到该学科上课的铃声或教师的脚步声就产生恐惧等。所谓学校恐惧症与教室恐惧症等，它的形成都是因为在校学习失败或教师惩罚不当引起的恐惧，进而对整个学校情境也产生了恐惧。曾有学者研究发现：出身贫困家庭的学童很多不吃早餐上学，在饥饿感引起的焦虑不安影响下，很难全神贯注学习数学，几次经验之后，无形中连偶然见到一则数学题目，也会产生焦虑反应。

　　此外，条件反射作用还有削弱的法则，就是说，当产生反应的刺激不再发生作用时，原来的反应会逐渐消失。这一法则可以用来矫正学生的不良行为。例如，学业成就低的学生，常因不受教师的重视而刻意扰乱教室秩序（如表现怪异动作或怪异声音），他们的目的可能是想引起教师的注意。如果教师当众予以指责，很可能对他们的不良行为产生强化作用。如果教师不予理会，或是借机夸奖其邻座的学生，则对其偏差行为会产生削弱作用。久而久之，该生故意捣乱课堂秩序的不良行为将因得不到强化而自动消失。

动机与成就

在工作中，有些人表现出很强的成就欲，他们总是竭尽全力做好每一件事，而另一些人却宁愿选择一个舒适的工作方式，并不太考虑可能取得的成绩，似乎缺乏成就动机。于是，人们不禁产生疑问：为什么一些人比另一些人更容易受激发？动机和成就之间有什么样的关系？

心理学的研究表明：许多因素共同决定着人的成就动机，包括个人特性和工作条件性质两方面。然而，还有些关键因素根植于人格中。首先让我们从人的心理方面来考虑决定成就动机的因素。

心理学家对人的成就需要进行了研究。他们通过一种投射心理测验来测量人的成就需要，这一测验向被试者呈现一系列的图片，让被试者根据每一组图片讲述一个故事，那些讲述的故事中涉及了成就和控制取向的人被认为有较高的成就需要。

心理学家认为，成就动机由六个成分构成：（1）工作伦理（即工作本身是"好"的）；（2）追求卓越；（3）渴望地位（希望支配他人）；（4）竞争性；（5）贪得无厌（渴望金钱）；（6）征服性（与已定标准而不是与其他人进行竞争）。

一般来说，具有较高成就需要的人往往具有以下三方面的主要特征。

首先，他们愿意为自己设立目标，而极少随波逐流、任命运所左右，即总是力求有所建树。高成就者喜欢寻求挑战，通过选择奋斗目标以实现自身价值，他们对目标的设定是有选择性的，而不愿他人（包括上司）将目标强加于他们。在行动中，尤其当目标是由自己所设定时，他们力争能够自我控制，并喜欢从能提供相关知识或技能的专家处寻求建议或帮助。高成就者为达到目标往往全力以赴，一旦成功，他们会要求荣誉；而一旦失败，他们则会接受责罚。例如，假设你面对这样两项选择，其一是掷骰子，赢的概率为三分之一；其二是在规定时间内解决一道难题，成功的概率也是三分之一，你会选择哪一项？高成就者会选择解难题，因为尽管掷骰子既省力且成功的概率又相同，但是高成就者不愿将自己交于命运或他人之手。

其次，高成就者不会选择高难度的目标，他们宁愿选择中等难度的目标，这样就既不会因为太容易而缺乏满足感，也不会因为太困难而全凭运气。高成就者会估计一下成功的可能性，然后选择一个难度适中的目标。另一方面，成就需要低的人要么选择非常容易的任务，要么选择非常难的任务，可能是因为他们不想将自己置身于真正的挑战之中。掷圈游戏就能很好地说明这一点。

在大多数狂欢节期间都有掷圈游戏，它要求参与者从一定距离之外向短桩掷圈以求套住。请设想一下，如果在该游戏中，人们被允许从任何距离进行掷圈的话，一些人将由近而远地随意掷圈，而那些高成就者则会仔细地计算一下距离，力求自己所站的位置既能赢得奖品又具有挑战性。他们所选择的距离将既非近得轻而易举，又非远得遥不可及，而是一个适中的距离以便尽展其所能。可见，高成就者通过人为地设置困难以充分享受发挥自身潜能的乐趣。

再者，高成就者更喜欢能即时提供反馈信息的工作。因为目标对于高成就者而言十分重要，所以他们喜欢知道自己做得如何，这就是高成就者为何经常选择专门职业、销售工作或者从事企业经营的原因之一。高尔夫运动对大多数高成就者具有吸引力：打高尔夫时，能够将自己的分数与入洞标准、与自己以前的成绩、与对手的成绩进行比较，自己的表现将直接与反馈（分数）和目标（入洞）相关联。

金钱对于高成就者的影响十分复杂。高成就者多认为自己的工作至关重要而理当待遇丰厚，他们的工作效率一直处于巅峰状态，因而一项激励措施能否切实提高其工作业绩便受到了人们的质疑。高成就者将物质报酬作为衡量其成就的一项重要指标，要是他们认为物质奖励未能充分反映其贡献，则会引起他们的不满，他们一般不愿意长久地待在一家薪资不理想的企业。

一项针对企业中成就需要的心理学研究还表明：成就动机高的人比成就动机低的人更有可能成为企业家。研究发现，处在企业家职位上的人，83%在成就需要测试上得高分；相反，在不是企业家的人群中，只有23%的人有高成就需要

自20世纪初，心理学家们便一直在试图说明动机与成绩的关系。实践证明这是困难的，部分原因是它们之间不存在单一关系。当动机从低水平提高到中等水平时，成绩通常也相应提高；然而当动机水变得极高时，成绩要么停止提高，要么变得更差。

由此说明，过分强调个体人格因素不是明智之举，因为动机强烈依赖于环境因素。动机与成绩的关系通常是呈倒U型。心理学家们已经发现，最佳动机的唤醒水平与任务的难度有反向关系。对这个问题的一种解释是：动机水平的提高减少了注意的幅度，提高了注意的选择性，但线索数量的减少降低了工作的熟练程度。

对动机和成就关系的另外一种解释是，高成就动机所带来的焦虑对成就将产生积极或消极的作用。积极的作用是动机性的，它可以使个体付出额外的努力以提高成绩，排除烦恼；消极的作用是因为担心而占用了工作记忆系统的某些资源，这样剩下的可用于任务的资源就变少了。可能的情况是，焦虑对加工效率的损害比成绩效能更大。

综上所述，人的动机和工作成就之间不是一一对应的关系，中国有句古话："欲速则不达。"中等的动机水平可以激发人的工作热情，更好地完成工作任务，过高的成就动机反而会阻碍成就的取得。另外，工作任务的难度也会影响人的成就动机，中等难度的工作容易激发人的成就动机，进而取得良好业绩。

趣谈个性

性格的一般类型

俗话说："人心不同，各如其面。"作为人格核心的性格，就是多种多样、因人而异的，没有两人的性格是完全相同的。但是，心理学家的分类研究，还是有可能使我们快速地把握或了解一个人。我们就向大家介绍一些性格类型的不同分类方法。

内向与外向，大概是流传最广的一种性格分类。这是精神分析创始人弗洛伊德的学生荣格提出来的。荣格认为内向、外向是人的两种对立的心态，一个人可能在某些时候是外向的，而在另一些时候则是内向的。但在整个一生中，一般是其中一种心态占优势。

性格外向的人，心理活动倾向于外部，经常对外部事物表现出关心和兴趣。他们往往性情开朗、活泼，喜欢交际。不喜欢独自苦思冥想，善于在活动及群体交往中表达自己的情绪与情感。他们说话大胆，不太考虑是否会伤害到他人，不害羞，交朋友常自来熟。他们也较自由奔放，行动快，不拘小节，但易出现轻率行为。

性格内向的人，心理活动倾向内部，对外界事物较少关心。他们很少向别人显露内心的喜怒哀乐，在情感方面经常自我满足，重视自己的内心体验。在人前易害羞，不喜欢在大庭广众面前露面。他们做事往往深思熟虑，但常缺乏行动力。他们还常表现出困惑、忧虑、郁郁不快的样子。

在荣格看来，一种心态对另一种心态占优势，其实不过是程度问题。一个人只是或多或少地属于外向型或内向型，而并非整个地都是外向的或内向的。

德国教育家和哲学家斯普兰格用价值观来划分人格类型。他认为，社会生活有理论、经济、审美、社会、权力和宗教 6 个基本领域，人们会对其中的某一个领域产生特殊的兴趣和价值观。因此，他将人的性格分为以下 6 种类型。

1. 理论型的人。以追求真理为目的，注重精神生活，情感退到次要地位。总是冷静而客观地观察事物，关心理论问题。对实用和功利缺乏兴趣，在碰到实际问题时常常束手无策，现实的生活能力较差。理论家和哲学家是其典型代表。

2. 经济型的人。以经济观点看待一切事物，把经济价值放在第一位考虑，并以实际功利来评价事物的价值。实业家是其典型代表。

3. 审美型的人。以美为最高的人生意义，对实际生活则不太关心，总是从美的角度来评价事物的价值，自我完善和自我欣赏是他们的目的。艺术家属于此种类型。

4. 社会型的人。重视爱，以爱他人为人生的最高价值。具有献身精神，有志于增进他人或社会福利，其最高和最普遍的形式是母爱。慈善、卫生和教育工作者属于此种类型。

5. 权利型的人。重视权力，并会努力去争取权力，有强烈地支配和命令他人的欲望。政治家属于此种类型。

6. 宗教型的人。则坚信宗教，生活在信仰中。他们富有同情心，慈善为怀，以爱人爱物为目的。宗教家属于此种类型。

这种基于价值观划分的人格类型只是心理学家头脑中的理想模型，具体到个人层面上，具体的个人通常是以一种类型为主并兼有其他一些类型的特点。

除了斯普兰格的性格分类以外，心理学家根据理智、情感和意志在个体身上所占优势比例的不同，又可以将人的性格分为理智型、情绪型和意志型三类。

理智型的人，主要表现为易用理智来支配和调控自己的行动，做事深思熟虑，会多方面考虑后果。

情绪型的人，情绪体验强烈，行为易受情绪左右，常常为一些小事而心绪不宁，易因情绪冲动而失去控制。把你当朋友对待时，恨不得割头刎颈，但一言不合就可能翻脸不认人，甚至舍命相搏。

意志型的人，行为主动，而且其行动的目的性非常明确，对目标的追求坚定不移。但是，他们很难接受别人的意见，比较主观、固执。不能像理智型那样，在行动过程中，根据情况等的变化及时调整或改变行动的方向和策略等，为人处世缺乏灵活性。如"愚公移山"里的老愚公，就是比较典型的意志型性格。

除上述三种典型类型外，还有一些中间类型，如理智—意志型等。

美国的职业指导专家霍兰提出的性格—职业匹配理论，在性格分类领域也有一定的影响。他把人的性格分为6种类型：社会型、理智型、现实型、文艺型、贸易型和传统型。霍兰认为，每一个人可以主要划为一种性格类型，每一种性格类型的人，对相应职业感兴趣。如果职业类型与性格类型相重合，个人会对工作感兴趣，能体会到内在的满足，并最能发挥自己的聪明才智；如果职业类型与性格类型相近，个人经过努力，也能适应并做好工作；如果职业类型与性格类型相斥，则难以胜任工作。

另外，有人根据独立与顺从程度，把人的性格分成独立型和顺从型。前者善于独立发现问题和解决问题，自主性强，不易受次要因素干扰，在紧急情况下能镇定自若，喜欢表现自己的力量。后者独立性差，易受暗示，容易接受别人的意见，在紧急情况下往往心慌意乱，不知所措。

附：性格—职业匹配表

性格类型	性格特征	适合职业
社会型	爱好社交、活跃、友好、慷慨、乐于助人、易合作、合群	社会工作、教师、护士等
理智型	好奇、善于分析、精确、思维内向、富有理解力、聪明	自然科学工作、电子学工作、计算机程序编制等
现实型	直率、随和、重实践、节俭、稳定、坚定、不爱社交	农业、制图、采矿、机械操作等
文艺型	感情丰富、想象力强、富有创造性	文学创作、艺术、雕刻、音乐、文艺评论等
贸易型	外向、乐观、爱社交、健谈、好冒险、支配、喜欢领导他人	董事长、经理、营业部主任、营业员和推销员等
传统型	务实、有条理、随和、友好、拘谨、保守	办公室工作、秘书、会计、打字员和接线员等

A 型性格与压力

美国学者最早发现冠心病和性格这一心理因素之间的关系，他们将人的性格分为 A 型和 B 型，认为 A 型性格是触发冠心病的重要因素。

A 型性格的人，有强烈而持续的时间紧迫感，表现为动作匆忙，办事的节奏快，常常一件事情没有做完，又去做另一件事情了，总是显得忙忙碌碌。

他们性情急躁，脾气比较火爆，不善于克制，容易激动、愤怒，并且缺乏耐心，常常为一些小事就大发雷霆。具有强烈的竞争性，争强好胜，甚至好斗，即使遇到困难也不轻易罢休。为人处世锋芒毕露，有闯劲，爱显示自己的才华。

另外，他们过于重视对事业和功名等的追求，却常常忽视个人的健康状况等，对自己个人的事漠不关心，不知道休息和照顾自己，不会享受生活中的乐趣，常使自己整天处在紧张和压力之中。

而 B 型性格的人的表现则与 A 型人相反。他们往往从容不迫，不慌不忙，办事慢条斯理，稳扎稳打，比较有耐心，能容忍，不争强好胜。竞争性较弱，但工作有主见，不易受外界因素的干扰。做事拿得起放得下，容易控制自己的情绪，能自我消除各种烦恼，随和易处，即使在紧张之后，也能愉快地休息。

总的来说，A 型人雄心勃勃，干练利索，性格外向，事业心强，但对周围的人怀有"敌意"，常存戒心等。早先，这类人引起关注，是因为在医疗领域发现这类人患冠心病的几率较高。但在很长一段时间，并不清楚 A 型性格的人为什么易患冠心病。

美国的弗里德曼和罗森曼二位专家通过研究得出如下结论，认为 A 型性格的人容易患高血压、冠心病、神经官能症，B 型性格的人患冠心病的机会少。

A 型性格者冠心病的发生率是 B 型的 2 倍，心肌梗死的发生率是 B 型的 2 ～ 4 倍。国内也有资料表明，A 型性格占冠心病人数的 70.9%。

而在发生冠心病的危险性方面，男性 A 型性格比 B 型性格高 6.33 倍，女性 A 型性格比 B 型性格高 5.05 倍；同时，A 型性格发生心绞痛的相对危险度比 B 型性格高 7.1 倍，发生心梗的危险度高 5.73 倍。

直至近来，经过临床医生、心理学家的共同研究，才发现 A 型性格所包含的"敌意"，是心血管疾病的易患因素。

A 型性格的"敌意"表现在哪里呢？专家们的研究提示，"敌意"包含敌对的信念、敌对的思想、敌对的态度、敌对的行为。具体说来，A 型性格的人，总是不大相信别人，常用自己的想法去度量别人；与人相处常持怀疑态度，对别人的言行加以敌对解释；对人往往带有冷漠、厌恶、嫉恨的情绪；甚至与家人也难以融洽相处，关系紧张。上述情绪作为一种心理应激，极易影响神经内分泌系统的正常功能，导致心血管疾病发生。

因为，人在生活和工作中遇到精神刺激因素——特别是一些强烈而持久的刺激而处于紧张状态时，大脑皮层功能容易发生紊乱，自主神经功能失调，使得交感神经兴奋，导致血液中儿茶酚胺增多，心率加快，心肌耗氧量增加；同时，促使血小板聚集，增大血液黏滞性和凝固性，也可以导致脂质代谢紊乱，使血脂增高；自主神经功能紊乱，导致冠状动脉痉挛等等。如果人们长期地、经常地处于紧张状态中，就极易形成冠心病。

当然，不是所有 A 型性格的人都会罹患冠心病，但如果同时存在胆固醇升高、肥胖、吸烟、酗酒等危险因素，则其患病几率较之其他性格类型的人要高得多。

心理因素对冠心病有重要影响，而 A 型性格、情绪应激是重要的相关因素，所以心理卫生在冠心病防治工作中具有重要作用，应引起重视。中医古籍中早就提出精神愉快、饮食起居调养、环境气候的适应、增强体质的锻炼等养生方法，还提出了"恬淡虚无""志闲而少欲""形劳而不倦"等心理卫生原则。

因此，人们在生活和工作中，应当保持乐观的态度，使精神放松，情绪稳定，遇事不要急躁，以减少冠心病的发生。此外，平衡饮食和运动也很重要。

人的三次诞生
——性征与性度

物有阴阳之异，人有男女之别。每个人从一出生就被区分为男性或女性。具体说来，男女之别大致表现在三个方面。

男女差别首先明显地表现在生理构造上。男女"性"别，在卵子受精时即生命形成之初就已经定型了，女性受精卵细胞核内有两个 X 染色体，而男性则有一个 X 染色体和一个 Y 染色体。这一原始性的差异，最终导致生殖器官构造上的不同，而这种体现男女性别差异的生殖器官的构造特征，就被称为第一性征。

一般而言，出生以后，第一性征才清楚显露，性别才能被确认。所以，出生就被视作人的第一次诞生，这是肉体的诞生。

当个体进入青春期后，我们就有了区分男女性别的新的线索或途径，即第二性征。这是指随青春期性发育而表现出来的与性别有关的体外特征。如男子的第二性征有体毛、粗哑的声音、骨骼变硬和肌肉发达等。女子的第二性征有皮下脂肪增多、乳房隆起、骨盆增大等。

青春期性的发育，使人类有了进行自身再生产的能力，即有了延续或繁殖生命的能力。这被称作人的第二次诞生。这次诞生，也使人的性意识完全觉醒，所以，有人说，"当意识到异性美之时，人便得到新生"。

第二性征，使男女之间的差异在生物层面变得非常明显。但是，如果一个男子有浓密的胡子、发达的肌肉、粗大的喉结，个性却是温柔细腻、多愁善感、斯文腼腆的，那么，我们会说这个男子不够男性、缺少男人味或像个女人。

可见，男女之别不仅涉及生物性，还能通过个性体现出来。有些性格如勇敢、刚强、暴躁等，被认为是男性的，体现的是男性特征；而温柔、细腻、害羞等则相反，体现的是女性特征。这些体现性别特征的个性特征，就被称作第三性征。

第三性征可用性度来衡量。而所谓性度，就是只通过性格等表现出来的男性化和女性化的程度，包括男性度和女性度。男性性格突出，就是男性度强；女性性格突出，就是女性度强。一般而言，男子的男性度高些，女子的女性度高些。但从性格上看，没有绝对的男女性度之分，每个人都同时具有男女两种性度，只是两者的程度有所不同而已。

人们的第三性征或性度都是随着人格成熟而定型的，性度的定型也可称作人的第三次诞生。从此，我们就可以抛开人的男女生理差异，根据个性特征来区分男性和女性了。

现在，已有不少心理学家设计了各种性度测量表，用于判定一个人身上的男性度和女性度的强弱情况。

研究发现，性度接近女性的男孩和性度接近男性的女孩，往往比普通男孩和女孩更富创造力。从事体育、科研工作和担任领导职务的女性通常具有较高的男性度。

此外，现代社会有逐渐中性化的趋势。如在当今社会已难以从发型、服饰上辨认男女，就是这种趋势的一个表现。而女性的中性化——甚至是男性化的发展趋势，则更加明显。

造成女性这种发展趋势的原因有多种：一是因为现代女性受教育的机会逐渐增多，基本与男性相等，从而减少了两性在智力发展等方面的差异；二是因为女性的就业机会在增加，对男性的经济依赖在减弱；三是随着社会的进一步开放，女性有更多进入社会生活的条件，家庭小天地对她们的束缚在相应减少。

结果是，性别角色的社会分工差异在缩小。处理家务由两性共同承担，已不再是女性的分内事。互相依赖也相应减少，离婚率上升，单身者增多等等。

当然，中性化并不等于没有男女气质特点，相反，可能是兼有男女两性特征。在现实生活中，确有不少人既有坚强、勇敢、慷慨、进取、好强之类的特点，又有温柔、细腻、体贴、敏感一类的特点，这类人时常被称作中性人，但现代心理学家则将他们称为"男女双性化"的人。

　　研究发现，男女双性化的人与其他人相比具有一些优势：能更好地应对各种环境，不管是男性氛围还是女性氛围，都能自如适应，而不会受到僵化的性别角色的束缚，更富独立性，更有修养，更自尊等。因而，有很多心理学家将男女双性化视作一种理想的性度，也有的认为双性化还可能是人类两性未来发展的趋势。

男子汉与娘娘腔

如果一个男子有浓密的胡子、发达的肌肉、粗大的喉结，个性却是温柔细腻、多愁善感、斯文腼腆的，那么，我们会说这个男子缺少男人味，是娘娘腔。如果他的个性是刚毅勇敢、自信独立、慷慨豪迈之类，我们就会说他是一个真正的男子汉。

那么，一个男孩是如何发展成一个男子汉或娘娘腔的呢？

为什么男女之间存在性格上的差异呢？这种差异有必然性吗？

在我们的生活中，男孩和女孩从小就受到不同的对待。我们的社会总是期望个体具有与其性别相适应的特点，如希望男孩像个男子汉，勇敢、独立等；希望女孩像个女人，柔顺、文静等。这就是"性别角色期待"。

这种期待，实际上就是社会的一种要求、一种规范，它不断地影响、塑造着每一个个体。比如，在小男孩摔跤或打针时，大人会说："你是个勇敢的男子汉，不哭。"而对一个活泼好动的女孩，可能会说："别成天疯疯癫癫的，要有个女孩的样。"慢慢地，男孩学会了忍住伤悲和眼泪，女孩学会了保持文雅和恬静。就这样，男孩越长越像男子汉，女孩越长越有女人味。

那社会文化为什么期待男子勇敢、独立，期待女子柔顺、文静，而不是反过来呢？这需要从遥远的古代说起。

在适者生存的远古人类社会中，打猎、采集食物、养育子女等职责逐渐出现分化，并最终形成劳动分工。而男女间体力和其他生理能力上的差异，就成了这种分工的基础。男子因其强有力的体魄而负担起狩猎、战斗等任务，女子因其妊娠、哺乳等机能而承担照料子女和家务的工作。

最初的这种劳动分工，使男女之间的差异从生理层面延伸到了其他各个领域。如男子在对外的职责中发展了独立、果断、敏捷、强悍等，女子则在对内的职责中发展了亲和、依赖、细致、忍耐等。又由于男子主外，常常担任公共职务，拥有职权和政治权力，因而，男性角色比女性角色更易受到较高的评价。

这样，男女就在各自不同的劳动生活中获得不同的经验，分工进一步导致了男女之间在社会领域和个性等方面的差异。而且，这种分工在长期的生活实践过程中，慢慢地就成了一种社会秩序。而与这种分工相适应的对男女两性的各种不同要求，也就成了一种社会规范，并反过来影响、约束、规范人们的心理和行为，以保持业已形成的社会秩序。

此时，"性别角色期待"就形成了，即社会要求个体具有或表现出与其性别相适应的特点。这种性别角色又通过社会化一代一代地传下来。

心理学的研究表明，个体的早期经验对性别角色的形成具有特别重大的意义，而早期经验主要是从家庭里获得的。孩子从小就会因性别的不同而受到不同的对待。通常，父母会给男孩提供枪、车、棍棒之类的玩具，较能容忍他们的调皮、捣蛋，对女孩则提供布娃娃、绒毛玩具之类，鼓励她们斯文、学做家务、细心、克制等。但是，例外情形也时有发生。

例如，特别喜欢儿子的父母，生了女后儿，有的可能会将女儿当成儿子来教养。长大后，这样的女子就会带有或多或少的男性特点，程度重些的，就发展成为假小子。反之，男孩也可能发展成娘娘腔。当然，有些娘娘腔或假小子，是和遗传基因有关的，比如，男子体内的雌性激素分泌过旺，女子体内的雄性激素太多等，也会影响性别角色的形成。

心理学家和人类学家也研究社会文化对性格形成的影响。有心理学家曾比较了100多个未开化的原始部落，发现85%的原始部落鼓励男孩自立，依靠自己，却没有部落要求女孩这样；82%的部落要求女孩操持家务，照顾弟妹，而没有一个部落对男孩有这种要求；87%的部落要求男孩追求成就，却只有3%对女孩有这种要求。性别角色期待，泾渭分明。

这种性别角色期待，渗透在家庭、学校、传媒等社会的各个领域，影响着其中的每一个人。

以学校为例，早在二十世纪六七十年代，就有学者分析了美国的部分学龄前儿童读物，发现以男性和女性为主角的比例是 7：2，男女插图比例是 11：1；故事中的女性大多是从事服务工作或者扮演救护与被救助的角色，而男性大多是领导人或者是解救人的英雄角色。

但是，并非所有的社会文化都认同男阳刚、女阴柔的。如我国川滇边境泸沽湖畔的摩梭人，仍具有母系社会的特点。在他们的社会中，女性掌握经济大权，享有家庭继承权和子女监护权。与其他文化中男尊女卑的传统相反，他们的社会是女尊男卑的。另外，人类学家在新几内亚的原始部落中，也发现了有阴刚阳柔的现象。

可见，性别角色现象是一种社会文化现象。同一性别在不同的社会文化背景下，可能会发展成完全不同的性别角色。但即使在同一社会文化背景下，也有可能发生例外。

"江山易改，禀性难移"说明了什么心理学现象

人一出生就有不同的表现，如有的婴儿天生好动、活泼、哭声响亮、对外部刺激反应迅速，而有的则安详、宁静、声微胆小、对外部刺激反应缓慢等。而且，这样的一些特点，在整个的一生中都很难会改变。所谓"江山易改，禀性难移"，指的就是这种心理特质，也就是气质。

在日常生活中，我们经常会用气质来评价一个人。比如说某人气质高贵、优雅，或说粗笨、土俗，此时，气质的涵义大抵是指一种风度、韵味、精神面貌或气度之类。而我们心理学中所讲的气质概念，与上述日常语境中的气质概念具有不同的内涵。

心理学中的气质，指的是个人心理活动的稳定的动力特征。心理活动的动力特征主要体现在心理活动的速度、强度、稳定性和指向性这几个方面。

心理活动的速度，表现在情绪、知觉、思维等方面。例如，同样是说了一句得罪人的话，如果碰上个急性子的人，那么，你话音刚落，对方就可能已经气愤得跳起来了；如果碰上的是个慢热的人，那么，你可以清楚地看到对方脸色越变越难看。再比如，有的同学在考试或做习题时，不管题目是难是易，总是要做很长时间；有的同学则相反，即使不会做，他也会很快地完成。

心理活动的强度，表现在情绪和意志力等方面。如有的人一碰到高兴的事，就会手舞足蹈、得意忘形，不可抑制；有的人只浅浅一笑。相应的，有人一生气就好像和别人有不共戴天之仇，也有的只撅起嘴不理别人而已。意志力方面，有人能顽强拼搏、知难而进、从不轻言放弃，也有的知难而退、不敢言勇等。

心理活动的稳定性，表现在注意力集中时间的长短和转移的难易上。如有人能非常专注地看书、思考或做事达几个小时，有人却不能持久、容易分心。有的人跟你生气后，好半天甚至一两天都不高兴，也有人一会儿哭、一会儿笑，心境变化很快。

心理活动的指向性，是看心理活动倾向于外部事物还是倾向于内心世界。例如，有的人生气后，总是忍不住要吵闹；有些人则总是把怨气往肚里吞，独自默默地难受，向隅而泣。同样，若遇到高兴的事，有人会独自偷着乐，有的却做不到，非要喜形于色、与人分享不可。

上述这些气质特点，使一个人在各种完全不同的活动中都显示出个人的独特的色彩。一个人怎样说话、怎样与人交往、怎样学习工作、怎样表达情感等，都会体现出他的气质特点。例如，一个具有情绪激动气质特点的人，等人时会坐立不安，参加比赛前会沉不住气，经常会抢着说话或回答问题，一点小事也能引起较强的反应等。

依据气质在一个人身上表现出来的特点，大致可将人的气质划分为胆汁质、多血质、黏液质和抑郁质四种类型。

胆汁质的人另外表现为直率、热情，精力旺盛，行动迅速而坚决，容易冲动，敏感而易受刺激。最显著的特点是兴奋性高、急躁、外向、不稳定。心血来潮时，不怕困难，热情高涨。有人说，只要他们迷恋上某个东西，"便会将自己的资财和精力挥霍无度，而一直到真正感到忍无可忍之前不会善罢甘休"。

多血质的人活泼、好动、外向，反应迅速，喜欢与人交往，情绪易改变，注意力易转移，也容易接受新事物，适应能力强，兴趣广泛而多变。最显著的特点是灵活性高、适应能力强，但也容易表现为轻举妄动，缺乏耐心和毅力。他们最适合从事反应迅速而敏捷的工作。

黏液质的人安静、稳重、内向，沉默寡言，善于忍耐，克制力强，情绪不易外露，注意稳定但难于转移。最显著的特点是安静、埋头苦干、遇事谨慎、持久力强，弱点是不够灵活、有惰性、缺乏热情。他们适合从事有条理的和持久的工作。

抑郁质的人多愁善感、情感体验深刻但不形之于外，内向、孤僻、忸怩，优柔寡断，反应缓慢，细心、谨慎、感受能力强。最显著的特点是感受性高，善于体察别人不易察觉的细微之处。适合从事需要细微洞察力的工作。

在现实中，真正符合上述某一典型气质类型的人是极少的。大多是几种类型的混合体，但各类型在其中所占的比重有不同而已。

有心理学家认为：气质是一个人在获取他的目标时如何行动的特质，它决定了一个人的一般"风格与节奏"，决定了一个人的行动是温和的还是暴躁的。

气质是人出生时就有的，是一种天赋的、最稳定的人格特征。它近似于日常所说的"脾气""禀性"或"性情"，难以改变。有研究发现，儿童具有的一些气质的原始特征往往在随后的20多年里保持不变。当然，生活和教育条件等的影响下，气质也会发生缓慢地变化，表现出一定的可塑性。

创造者的人格特点

创造者的人格特点，一直是一个引人关注的研究领域。对此，世界各国的学者们从多方面、多角度、多层次进行了研究和探讨。有的从创造者的传记中进行概括，有的对天才进行追踪研究，有的对天才人物进行个案分析，有的进行实验测查等。所有被研究者都是各个领域中从事创造性劳动并做出重大贡献的佼佼者。由于在研究的方法、对象、角度等方面存在差异，不同学者的研究结论也不尽相同。但是，已有学者综合各种研究成果，归纳出创造者具有以下这些最重要的人格特征。

坚韧性。这是指行动过程中的坚强的意志力，是一种精神上的耐久力。平常所说的"一旦开始就非干到底不可""坚持不懈、锲而不舍""打破沙锅问到底"等，都是坚韧性的具体表现。鲁迅从1912年5月5日开始写日记，一直到去世前，25年如一日。其间，他先后迁居北京、厦门、广州、上海等地，并多次出走逃难，过着潜伏、隐匿和逃遁的生活，但他的日记却并没有中断。正是这种毅力成就了他文坛神话。

探索性。也叫好奇心，与追求心、冒险性有关；与渴望新经验、渴望成就有关；也与攻击性有关。创造者都不满足于已有的认识和现成的答案，喜欢寻根究底。能别出心裁，标新立异。能抓住别人容易忽视的线索。探索性在生活中的具体表现有"喜欢琢磨各种事""喜欢探究未知的世界""专挑硬骨头啃"等。正是这种对未知事物的探索，科学家们才会攻克一个个难题，推动科学向前发展。

伽利略还是个医科学生时，有天去做礼拜，看到教堂里悬挂着的油灯在空中来回摆动。如此平常的现象，却引起了伽利略的注意。经过观察，他发现油灯每次摆动的时间是一样的。进一步研究后，他终于发现了自然界的节奏原则——等时性原理。如今，这个原理正应用于时钟计时、计算日食、推算星辰的运动等方面。

独立性。能独立思考，善于独立地提出问题和解决问题，倾向于采取与众不同的观点和行动。研究发现，杰出科学家和发明家的共同点有：思路开阔，大胆思考，喜欢独立思考，不喜欢思想束缚，大胆地提出想法，并大胆地捍卫它。具体表现是："总有自己的独立见解""经常做出与众不同的事让人吃惊""不管别人怎么想，总要明确表达自己的意见""走自己的路，让别人去说吧"。

自控性。对自己的情感和行为具有自觉的控制能力。由于有较好的自控性，因而能面对失败、承受住挫折，百折不回。具体表现是："心情比较稳定，不感情用事""想到未来，能忍耐现在的苦""即使失败也不垂头丧气"。

科学家们往往都具有了强烈的自控性，体现在创造过程中便是失败多于成功。法拉第说每10个有希望的初步结论中，能实现的不到1个。科技史上的佼佼者汤姆逊说："我坚持奋战55年，致力于科学的发展，用一个词可以道出我最艰辛的工作特点，这个词就是失败。"而爱迪生仅仅为寻找合适的灯丝就试验了6000多种材料。

无私性。是指一种献身精神。这种精神对于创造性活动尤其重要。

诺贝尔为了研制炸药，进行过400多次试验，实验室炸过好几次。有一次爆炸，他的弟弟和四个助手被当场炸死，他的父亲也因惊吓和伤心而半身瘫痪，他自己不在现场，得以幸免。别人劝他别再冒险，诺贝尔说："创造新事物哪能不冒危险，但我不怕。"最终，他实验雷管引爆成功。

西班牙的塞尔维特因研究人的血液循环被教会火刑处死；意大利的布鲁诺因补充和发展哥白尼的学说也被教会烧死。而毒蛇研究者海斯德为了研究人能否对蛇毒产生免疫力，冒着极大的生命危险，给自己注射蛇毒，并逐渐加大剂量和毒性。先后被极毒的眼镜王蛇、印度蓝蛇、澳洲虎蛇咬过130多次，是世界上唯一被蓝蛇咬过而活着的人。最后，他除了用自己具有抗毒能力的血去救死扶伤外，也在试制抗毒药物方面取得了巨大的成功。

"杀鸡给猴看"有用吗

"杀鸡给猴看"这句老话说的是：通过惩处某人，对其他人产生警示和威慑，从而使他们有所收敛、有所改变。这真的有用吗？

要回答上述问题，需从"人是如何学习的"说起。早期的行为主义心理学认为，学习是由刺激和反应之间的联结形成。人和动物一样，最主要的学习形式就是条件反射。如让海狮学习顶球时，起初海狮会有各种动作，但只有在它顶球时才喂它食物、给予强化，多次下来，那些多余的、与顶球无关的动作就消失了，球一出现，海狮就去顶。还可训练鸽子检验废品，当鸽子去啄有洞的物品时。给予强化，多次后，鸽子就会专门去啄有洞的废品。甚至可以训练鸽子控制火箭的飞行、训练海豚去排雷等。

再比如，小动物听到猛兽的声音，或闻到猛兽的气味就能预先逃跑。人类也一样根据信号作出反应，即预作准备。如工厂的铃声是工人上班的信号，学校的铃声是上课的信号，人们一听到铃声，他们的血液循环系统和呼吸系统等就都会发生一些变化，以便调整注意力等来适应环境。不可否认，条件反射的形成，对动物和人的生存及发展具有重要意义。

但是后来，美国著名的社会心理学家班杜拉经过大量的研究后，提出了社会学习理论，认为人有极为复杂的文化背景（指社会条件），所以，人的行为也是极为复杂的。而人的这许多复杂的行为，是不可能通过经典条件反射和操作条件反射的作用来简单地加以控制或改变的，必须通过观摩、示范或学习，通过模仿才能获得。也就是说，在很多情况下，个体自身不需要直接参加活动，而是通过直接观察别人的行为进行学习的，而且学得又多又快。

这种学习是替代性的，就叫替代学习，也可称作观察学习或社会学习。我们平常所说的"近朱者赤，近墨者黑"的现象，就是替代学习的结果。

在一个实验中，实验者先根据托儿所孩子们的表现，给他们的人际侵犯性评分，然后将他们带到一间摆满玩具的房间里。让一组孩子观看成人对玩具拳打脚踢；另一组孩子则观看成人的友好举动。然后，再让孩子自己去玩玩具。结果，前一组小孩在玩的过程中表现出较多的攻击玩具娃娃的行为，而后一组小孩则表现得比较友好，极少去踢打玩具娃娃。但是，如果让儿童看到成人在对玩具娃娃拳打脚踢后受到了惩罚，如被其他人呵斥，那么，再让儿童去玩娃娃的话，儿童就较少出现攻击玩具娃娃的行为。

其他的研究也显示了类似的结果。如果一个孩子看一部电影，影片中一位成年人因为新奇的侵犯性行为受到奖励，那么孩子就会模仿这位成年人，而且这种模仿产生的次数与该成年人受到的奖惩有关：成年人受奖，则模仿经常发生；成年人受惩，则模仿很少发生。

可见，施加在被观察者身上的奖惩，如同施加在观察者身上一样，同样会使观察者的行为得到强化，这种强化就叫替代强化。所以，"杀鸡给猴看"是管用的。

班杜拉认为，替代学习是普遍存在的，但替代学习的效果受到榜样的因素、榜样的行为属性、模仿者的身体和心理状态等因素的制约。具体说来，榜样因素包括人格因素、身份、威望等。人们较喜欢模仿的对象是与他们自己很相似或与他们的理想人物很相似的人，如自己的同龄人、偶像歌星等；以及身份比较重要或有威望的人，如老师、父母、领导、专家等。

榜样的行为属性是指行为的现实性、具体性、可实现性。如人们较少去模仿伟人、天才、传奇人物等的杰出的行为活动，因为差距大，不现实。

模仿者的心身状态是指个体的行为能力、性格、情绪等。如瘦弱的人较少去模仿攻击行为，相反，易模仿示弱行为等。

此外，班杜拉还指出：观察模仿要逐步进行，不能过快过急。还指出多方面观察比单方面观察效果更好。示范者和观察者最好要有些相似之处，例如有才能的女教师和成绩优秀的女生对其他女生有较好的示范作用，其相似之处即都是女性。

心理防卫形式

日常生活中，我们都经常会面对各种各样的挫折、失败、压力等，此时，为了减轻由此带来的心理烦恼，减少内心的冲突和不安，每个人自然会有所表现，这就是心理的自我防卫。

心理防卫是如何发生的呢？一方面，人们处于某种焦虑、压力情景之中；另一方面，人们又难以用理性去解决所面临的问题。这时，心理防卫机制就发生作用了。这与身体方面发生的情形极为相似：当我们的身体受到病毒等的侵袭时，我们的免疫系统会自发地进行防卫和攻击。心理防卫也是如此。主要的心理防卫形式有倒退、否认、文饰、抵消等。

倒退，是指当个体受到挫折或感到焦虑时，不是理性地对待，而是采用非常幼稚的方式或表现出非常幼稚的行为。就好像退回到了儿童时代一样，所以叫倒退。例如，成人为一点小事而大发脾气或无理取闹；因考试失败、恋爱受挫而不吃不喝、哭闹不已；明明是自己的错误，却死不承认、狡辩到底，甚至硬赖人家等。一般来说，成人若用哭、撒娇、耍无赖等方式来应对现实生活中的麻烦，就是倒退。这是一种非理性的行为，是童年早期用于解决问题的一般方式，却不符合成人的正常思维。

倒退本身无助于问题的解决，为什么还会发生呢？这是因为它能使人暂时或间接地从困境中摆脱出来。比如，你一哭，人家就心软了，就不和你计较了；你一闹，人家就烦了或者怕了你了，就不再来烦你或者就依了你了等。

尽管倒退是一种幼稚的行为，不能使问题得到真正的解决，但在一些特殊情形下，却有着意想不到的效果。惹爸妈、恋人生气后，你撒个娇，就可让其消气；做了错事，你只要一哭，人家就可能原谅你了。在诸如恋人、家人等较为特殊的人际关系中，适当的倒退可以增进互相之间的感情、融洽关系，具有特殊的润滑作用。

否认，是指对已发生的事实不予承认。之所以要否认，是因为这些事实会令人痛苦、让人焦虑、让人无法接受。如，当人们听到亲人的不幸消息时，第一反应一般都是"你骗人""我不相信""这不是真的"，这就是否认。由于刺激太大，一下子无法接受，心理防卫就发生作用了。

生活中还有很多否认的例子，即使在幼儿身上也能观察到。如幼童失手打碎水杯后，可能会用手把眼捂住，再偷偷地从指缝里往外看；父母大声吵架时，幼童可能会用手捂住耳朵；父母打架时，幼童可能会捂住眼睛等。

有些否认动作一直会遗留到成年后，如可以很容易地在成年女性身上观察到，失手掉落东西后俩手上举做投降状的样子，其实，这就是幼童年代的捂眼睛动作，只是稍微收敛了一些而已。再比如看恐怖片，不少女性在恐怖镜头出现时，会把眼睛捂住或把头埋起来等，也是一种否认行为。

相对而言，成年男性的否认行为表现得不如女性的明显，但同样存在。如男性在失手掉落东西后，一般会出现耸肩、两手一抖等动作，这也是幼童捂眼睛动作的变相，但是比女性的投降动作更加隐蔽罢了。

另外，如果一个人对自己存在的、在他人看来非常明显的缺陷或不足，从心底里不予相信、不予承认，则也是一种否认。这种否认通常是维护自己的自尊、自信的。

文饰，是指从自己身上或周围环境中寻找理由来为自己的过错、失败等进行辩解、开脱，以免心灵受到伤害。具体而言，又有援例自卫、怨天尤人、自我解嘲等不同的表现形式。

比如，学生考试不及格后，可以有各种各样的表现。假如同班还有其他人，特别是有平时比他成绩好或比他更认真的同学也不及格，那他多半会这样来安慰自己："不是还有人也不及格吗，没啥的，很正常。""唉，就连某某都不及格，我还有什么好说的。"这就是援例自卫。如果不及格的人还不少，那么他的挫败感更弱，受到的伤害也更容易化解了。如果全班大部分人都不及格，那他可能就会开心地笑了。

假如班里只有他考得较差，那他多半会怨天尤人，"真倒霉，这次题目出得太偏了，我正好都不会""老师给分不公平，还有什么好说的""考试那天我头疼"等。这样会使他感觉好一点。

假如是大家都信得过的标准化考试，机器阅卷，身体也一直好得很，没法怨天尤人了，他会怎么办？多半会自我解嘲："像我这样的人若能考及格，岂不是太阳从西边出来了""我以为最多40分，哪知还有50分，真不明白"。

生活中我们经常能听到的诸如"伟人都会犯错，何况你我""遇到这样的领导，谁也干不好""我真是个废物，你千万别指望我"之类的话，也大多是文饰的表现。

抵消，是指用象征性的言行来消除已经发生的痛苦。这种现象在幼年时代就表现得很清楚了。如小孩走路摔了一跤后，只要在摔倒的地方踢上几脚，小孩就不闹了，似乎这样就不怎么痛了。大人把小孩惹哭后，象征性地将大人拍打几下，小孩就可能眉开眼笑了。

成年后，抵消这种心理防卫机制仍能经常看到。在课堂上被老师批评后，学生可能会在老师转过身去写字时，朝老师的背影挥一下拳头、吐一下口水什么的；也可能会在纸上写下老师的名字，然后打上叉叉什么的。

每到逢年过节，我们都会以各种方式纪念已故的亲人，而各种各样的纪念仪式如烧纸钱、供上鱼肉烟酒等，具有极为浓厚的象征意味，可以说也是一种抵消行为。

你健康吗

随着社会的发展和人类文明程度的提高，以为"没毛病就是健康"的老观念已经过时了。世界卫生组织（WHO）的健康定义是：一个人生理、心理和社会适应都处于正常状态。生理健康是心理健康的基础，心理健康反过来又能促进生理健康。生理健康和心理健康是紧密联系的，它们对人的发展具有同等的重要性。

一方面，心理不健康不仅阻碍智力水平的正常发挥，影响社会适应，而且还可能引起或加重生理的疾患。另一方面，生理不健康也会引起心理问题的产生，如有的人不能正确对待自己的身体疾病或生理缺陷，或者愤世嫉俗，或者自卑厌世，甚至自杀身亡。当然，身心关系并非简单的对立或平行关系，身体健康不能保证心理一定健康，而身体不健康也未必心理都不健康。

心理健康不是一个静止的理想标准。可以肯定地说，绝对、永远心理健康的人是没有的。绝大多数人都处在健康与不健康的边缘状态，有人称之为"第三状态"或"亚健康状态"。

社会医学家的观点是："90%的就医者可能没有病，或是无病呻吟，或是以病人的角色换取他人的同情与关注；而90%的正常人也许有病，他们正遭受现代社会的各种刺激与压力，如升学、就业、求职、下岗……他们随时会成为病人。"这种观点辩证地阐明了健康的相对性。

为什么会有心理健康方面的问题呢？弗洛伊德创立的精神分析学说提出了心理障碍的心理动力学模式。弗洛伊德将人的心理活动分为三个层次：无意识、前意识和意识。

　　所谓无（潜）意识，是指没有被察觉到的那部分心理活动，包括人的原始活动、各种本能和出生后被压抑的欲望，这些东西蕴含着巨大的能量。其主要特点是无理性、冲动性和无道德性，总要按照快乐原则去追求满足。无意识是人活动的内驱力，决定或影响者人的有意识活动。

　　所谓前意识，是指无意识中被召回的部分，它介于无意识与意识之间，担负着"检察官"的角色，不准无意识的本能和欲望随便进入意识之中。

　　所谓意识，顾名思义，是指我们能直接感知、觉察到的那部分心理活动。它服从现实原则，它调节着进入意识的各种印象，压抑着心理中那些原始的本能冲动与欲望。

　　在上述基础上，弗洛伊德又提出了三重人格结构理论，将人格分为本我、自我和超我三部分。弗洛伊德认为，每个人内心都经常进行着本我、自我和超我之间的斗争。病人的症状是有深刻含义的，症状反应是一种伪装。它们实际上代表一个人被压抑到无意识之中的本能欲望或童年时代所遭受的痛苦与精神创伤。人的大多数心理疾患和心理问题来自于童年时代的心理冲突或创伤事件。由于这会引起焦虑和痛苦，故被压抑到无意识之中，从而被忘掉，然而这些经历并没有失去作用。它们可以对人的心理健康产生深远的影响，是心理疾病或心理问题产生的原因所在。

　　行为学派代表人物斯金纳则认为：无论是适应良好的行为还是适应不良的行为都可以看做是环境强化的直接后果。假如过去某种行为没有常常受到强化，那么这种行为就不会出现，而强迫症的许多行为表现以及疑病症、癔症的许多异常的补偿型症状则是通过实际的或者心理上的满足来获得强化。

　　人本主义则认为，每个人的心中都有两个自我：现实自我和理想自我。前者是个人看待自己的结果。后者是个人自以为"应该是"或者"必须是"的自我。对于大多数人，这后一种自我实际上就是这个人的行为动机，如果过于崇高无法实现，就会使人陷入痛苦，导致个人心理失常。

　　在罗杰斯看来，个人心理失常主要是每个人内心世界的自我冲突。现实自我和理想自我的重合状况直接决定人们心理健康的状况，两者差距过大，就难免会有心理失常感。罗杰斯认为，人际交往中，人总是愿意别人对自己的行为做出积极评价的，当一个人的行为产生了积极的自我体验并同时得到他人尊重时，他的自我概念是明确的，人格就能正常发展。但若一味地去满足别人期望而不惜改变自身的准则，就是自我概念扭曲，而忽视内心愿望的作用，会造成适应不良的结果。

关于心理健康的标准，不同的群体，不同的年龄阶段，应该有所不同。结合目前我国的状况，我们提出如下几个条件：

1. 智力正常。这是最基本的心理健康条件。

2. 能协调与控制情绪，心境良好。它表明一个人的中枢神经系统处于相对平衡状态。也就是说人的喜、怒、哀、惧等情绪要与特定的环境相一致，当喜则喜、当怒则怒，并且喜怒有度。喜怒无常则是心理不健康的表现。

3. 意志坚强。行动的自觉性、果断性、坚韧性和自制力是意志坚强的重要标志。自觉性是人在行动时意志自主自觉，相反则被迫盲从；果断性是指遇事当机立断，相反是优柔寡断；自制力是指控制自己的情绪、言谈和行为的能力，不感情用事，相反则是任性和懦弱；坚韧性是指知难而上，找出克服困难的方法，不屈不挠，持之以恒，相反则是半途而废。

4. 人际关系和谐。在影响人发展的各种社会因素中，人际关系无疑最为重要。正常的人际关系不仅是维持心理健康必不可少的条件，也是心理健康的体现。

5. 适应社会生活。心理健康能使我们充分地感受生活的美好，更好地发挥聪明才智，能使我们在困难、失败和挫折面前更有勇气和信心，有助于我们成为道德高尚的人。总之可以提高我们的生活、工作、学习的质量。

总之，心理健康的人具有完整和谐的人格，对生活有常新的体验，能在习以为常的生活中品尝到激动和欢愉，能积极地面对生活，善待他人和自己。

从"男女搭配，干活不累"说起

俗话说："男女搭配，干活不累。"这是人们生活经验的结晶，自有其一定的道理。

在清一色女性的幼师学校里，女生常会表现出坐到桌子上、狂呼乱叫之类的行为。"光棍"班的男生往往少修边幅、不拘小节。

某高中班一老师组织学生野炊，吃饭时，老师为让学生更自然些，让男女分开进餐。结果，男生女生都狼吞虎咽，毫无顾忌，一地狼藉。后来，另一次野炊时，这老师让男女生混合用餐。结果与第一次大不相同。男生谦让有礼，颇有绅士风度；女生也温文尔雅，细嚼慢咽。其实，类似情形在学校餐桌上也常能发生。

上面的这些现象，从心理学上讲是一种异性效应的结果。所谓异性效应，简单地说就是指有异性在场的时候，个体的心理和行为都会随之发生一些微妙的变化。这种异性效应不仅在青少年中存在，即使在中老年人群中也同样存在。但由于青少年特殊的身心特点，异性效应在男女青少年的交往活动过程中表现得更为明显。

由于青少年处在急速的性心理和性生理的发展过程中，青少年的男女交往是不可避免的，作为家长和老师，不应对此大惊小怪，应有足够的心理准备。而现实情况是，不少家长和老师因害怕男女之间的交往会导致恋爱现象的增加，并也看到了早恋可能产生的一些恶果，因而对他们异性间的交往常采取较为严厉的限制措施。

如有的老师给早恋的中学生以品质不好、行为不轨等评语，有的家长也因子女"不走正道"而痛心疾首，甚至采取毒打、软禁等措施。实际上，像高中生这个年龄阶段，要杜绝恋爱现象是不可能的。教育者应把精力放在合适的教育和引导上，正视现实。对男女交往则应给予必要的引导。

与不少家长和老师所担心的正好相反，适当而必要的异性交往非但能释放青少年的部分性能量，减弱性驱力，缓解性冲突的危机，还有利于青少年个体的健康发展，从而增强抗诱能力。

少女性心理

哪个少女不怀春？哪个少男不钟情？刚步入青春期的少女，大多会感到有些难为情，即使是比较外向、泼辣的女孩，这时也会变得腼腆、文静。日趋丰满的体型也可能使少女们感到不安和羞怯。有调查表明，有 25% 左右的少女感到羞怯和惊奇等。甚至有少数受传统旧思想影响较深的女孩，会对自己的成熟表现出一种厌恶、拒绝和否定的倾向，如采用"束胸"等手段极力掩饰自己。

很快，少女便会开始对男性发生兴趣，留意男性可能发生的体态变化，并注意打扮修饰自己，爱美之心迅速增强，希望引起男性的注意并对自己有个好印象。但因男性的发育年龄相对滞后，故同龄少男经常不明白少女的变化，表现得无动于衷。因而她们会更喜欢与那些在她们看来已经懂事的男性交往。这时，少女的友谊圈子开始从同性朋友扩大或转向异性朋友。此时的少女有相当丰富的情感体验，表现得非常细腻。很多少女会在这时出现一种类似"母爱"性质的情感，如对婴儿特别有感情，喜欢逗他们玩，受伤的小动物等都可能让她们伤心好半天。

男性表现出的好感会让少女感到欣喜、幸福，而男性的冷落和漠视会让她们产生怨恨和悲伤情绪。若男性对少女的女性同伴表现出兴趣和热情，少女会产生怨恨和嫉妒。

少女对异性产生爱慕之情的现象比男的要普遍，她们也通常会把这种仅仅是因为正常的异性吸引而产生的情感理解为真正的"爱情"，认为自己"恋爱"了。但由于此时她们具有含蓄的特点，或是由于害羞，或是由于不能肯定对方是否也喜欢自己等原因，她们一般都会将爱慕埋在心里，较少主动表示。这种单相思现象让她们非常苦恼，一旦难以自抑，她们就会主动出击，表现为语言试探、传纸条、写信、直接邀请对方赴约等。当然，被她"恋爱"着的男性中也会有年长男性。女性的牛犊恋现象同样比男性普遍。这种现象会延续到青年初期。

确实，哪个情窦初开的少女不怀春，但是，正如上面讨论的，此时的怀春属于一种正常的异性吸引。问题是，少女一旦爱慕上某个异性，她很容易就会觉得对方在爱慕自己。对方的无意中的一个眼神、一个动作、一个微笑、一句模棱两可的话等，都会被她理解为是对自己的一种表示和回应，而这又会更进一步地鼓励、促使她投入更深的感情。等到最终发现对方对自己无意时，她可能会觉得对方欺骗了她，因而非常地愤怒、怨恨、失望和伤心等；她也可能会继续坚信对方是爱慕自己的，只是由于某种原因不敢承认而已，因而就继续纠缠对方。不管怎样，都会造成巨大的伤害。其实，少女的这种情形是由"爱情错觉"导致的。

造成"爱情错觉"的原因是人们普遍具有的一种"投射"心理。所谓投射，是指把自己内心的需要、动机、态度等人格特点投放到他人身上，认为他人也具有这些特点。例如，吝啬的人会觉得其他人是小气的，心地善良的人往往对他人的狠毒难以理解，怀疑邻居偷了斧头就越看越觉得邻居的形迹就像一个心虚的贼，等等。上述少女正处在这种心态中。她爱慕上了异性，内心当然渴望对方也是对自己有意的，在这种心态下去观察异性，自然较易陷入"疑人偷斧"的境地。

爱情错觉对青少年的伤害会非常大，青少年应对此加以高度注意。必须指出的是，这种爱情错觉现象在少男身上同样会发生。即使到了青年期此种错觉现象仍会迷惑不少青年男女。

一般而言，少女要比同龄的少男更成熟一些。一个对 800 名少年的调查显示，当少男更多地关注他们直接感兴趣的事情如运动、学业等问题时，少女除了学习、容貌外更关心的是人身安全、别人的批评、与父母的争论、生活问题、父母的健康及以后的工作问题等。这或许也是少女较容易喜欢稍年长、更懂事的男性的原因。

进入青春期后，少女会逐渐重视自己的体态、容貌、性格等特征，自觉或不自觉地按照社会规范来评价自己，符合要求则自我欣喜，否则就易产生自卑、忧郁等不良情绪。

少女往往还有如下一些矛盾心态。既渴望快点长大成为妇女，又心怀恐惧想停留或退回到儿童时代，以逃避正在面临的进入陌生的妇女期的现实。她们想与男性进行更多的接触和交往，但又担心会被看成是厚颜无耻，或者担心不受欢迎。

另外，她们还很想炫耀自己的身体，但又怕太引人注目。这种情形在生活中是经常能看到的，她们喜欢购买一些新潮暴露的衣服，但敢穿出去的并不多。很多女孩非常想通过实践去检验自己的身体对男性究竟有多大的吸引力，但一般不会轻易尝试，转而去同性那里求证。

性幻想是指以虚构的与性有关的遐想，来满足自己对性的心理欲求。少女的性幻想同少男一样，也很普遍，只不过有的人想的多些，时间长些，有的人想得少些而已，这是性成熟过程中的一种非常自然的现象。她们想入非非的形式和内容是多种多样的，可能会把影视作品或小说中的某些情爱情节，重新进行组合和加工，也可能将自己和某个熟悉的或根本不知道是谁的异性编织在一起等，虚构出一些与异性相处的浪漫情景，如在海边约会、牵着手在山中漫步、拥抱在月光下等等。

这种性幻想是随心所欲的，其中的异性可以是身边的人，也可以是古今中外的某个人，设置可以是完全臆想出来的某个异性。值得注意的是，如果过分沉溺于性幻想中，也会对身心造成一定的妨害，如整日恍恍惚惚，"白日梦"不断，这必然影响正常的学习和生活。

少男性心理

由于少男的性成熟相对滞后于同龄少女，因而，当少女进入青春期时，他们很多情况下还像个无忧无虑的孩童，仍然在尽情地玩耍、嬉戏。在小学高年级中，常能发现这样的情形："不知趣"的小男生兴奋地要与女生共同玩耍和游戏，甚至毫无顾忌地窜到女生堆里，结果常常是遭到女生的"无端"斥骂。而对女生的这种忽然动怒，他们毫无心理准备，莫名所以。有的甚至浑然不觉而继续惹厌，有的则以为女生的脾气太坏，只好悻悻然逃离。

刚进入青春期时，少男们会因产生羞涩等异样感觉而欲主动、自觉地回避女性。但这种在心理上想疏远异性的时期较短，很快就会进入到欲主动接近异性的亲近期。

步入亲近期的少男，开始以一种新奇的目光注视周围的少女。他们像忽然开了窍似的一下子明白了许多。少女们早已开始的体貌变化和那种日渐明显的特有的女性气质，让他们产生兴奋、惊奇和神秘感。他们渴望和少女亲近，却又不知如何与她们建立友谊。在与少女接触时，他们常表现得很温顺、怯怯地，也常忍不住傻乐，而内心里则翻江倒海，既兴奋激动，又紧张不安，整个表现得较为幼稚，常让少女们觉得好笑。但他们很快就能适应这种局面。

他们的爱美之心并不亚于少女，并按自己所理解的成熟男子汉的形象来打扮自己、表现自己。他们也会很刻意地讲究自己的头发、鞋子、坐骑等，如可能会用很多油把头发抹得油亮，并梳得非常整齐；把皮鞋擦得像镜子一样等。在行为上，他们可能会模仿大人的口吻，竭力装出一副老成懂事的样子。

与少女更注重异性的评价不同，少男甚至所有的男性，可能更重视同性的评价。他们对自己在同性伙伴中的地位和威信非常看重，并直接影响到自己的自信心等。

整个亲近期的少男都会对女性保持强烈的兴趣。他们会寻找机会，甚至创造机会与少女交往，并竭力在少女面前表现自己的男子气，如显示力气、胆量、勇敢等。这种极强的表现欲，常在男性群体中导致一种较量，如掰手腕、摔跤等。由于在少女面前他们极为爱惜面子，所以，这种较量很容易发展成打架斗殴等真正的攻击性冲突。

少男的好斗、攻击性在女性面前表现得较为明显。所以，若在女性面前遭到同伴的奚落、贬损，他们极易恼羞成怒，甚至不惜以性命相搏来维护面子。少男的自尊心最为敏感，也最为脆弱。

同少女一样，少男的醋劲也很大。一位 13 岁的男生这样说道："我总想跟她说话，想讨好她，一见她跟别的男生说话我心里便有气，不能接近她便心里很烦、坐立不安。"

由于早熟的男生在体型、力量及男子气概方面优于晚熟的男生，他们在同性伙伴中往往更有地位，也较易获得异性的友谊和青睐，还能获得老师等较多的信任与喜欢，这使他们表现得更为自信，社会适应性也较好。而晚熟的男生则较多地表现为不安、忧郁、缺乏自信等。这方面与少女很不相同。

早熟的少女因要独自面对一些陌生问题如体型变化等，因而更多的体验到诸如不安和尴尬等情绪。而正常成熟的少女却常能互相探讨、分担不安和烦恼。稍有些晚熟的少女则还有一个优势，由于她们的成熟程度与一般男性相当，较少会受到异性的排斥。另外，在心理文化上，晚熟的女性不会像晚熟的男性那样易受到嘲讽与轻视。故而，整体而言，男性早熟更有利些，女性早熟则稍有不利。

在少女身上发生的"牛犊恋"现象和"爱情错觉"现象，少男也会遇到。但是，比较而言，少男的牛犊恋更为隐蔽，他们一般都不会也不敢轻易流露出来，而是把这种感情深深地埋藏在心里独自体验，也不会轻易告诉任何人。一般而言，在少男中性格内向者、晚熟者、与异性交往机会较少者，发生牛犊恋的可能性更大一些。

　　与少女丰富、细腻而又较为持久的情感特点相比较，在亲近期的少男的情感特点是冲动性。主要表现为两个方面，一方面是情感强度大，他们一旦找到一个情感投注对象，则往往日思夜想，欣喜若狂，情感难以控制。另一方面是情感维持时间相对较短，最初让他激动万分的情感一旦得到宣泄，他会较快冷静下来，也较容易转移到另一个让他心动的女性的身上。事过境迁，这种感情会烟消云散，少男比少女忘得更快，忘得更为彻底。出现这种现象的原因是，少男在异性亲近期表现出的"恋情"，实际上只是一种异性吸引导致的"激情"，生理意味较浓，与严格意义上的恋爱具有本质的不同。但青少年很容易被两者之间表面上的相似性所迷惑。

　　少男的性意识发展和少女不同，一旦有了接近异性的欲望，并对具体的特定的目标发生兴趣和有一定的交往之后，往往就有性的欲望出现。少男对性的兴趣明显比少女强烈，而少女显然更加关注两性之间的情感因素。对性的强烈兴趣，使少男有比少女更强的求知欲，他们会寻找有关书刊资料中的性内容，加以认真研究。他们也更喜欢与同性伙伴进行探讨和交流。丰富的性知识甚至会成为他们向同性伙伴炫耀的资本。

　　少男同样喜欢对少女评头论足。少女并不是对所有熟悉男性都妄加评论，她们只关注让她们产生好感的异性。与此不同，少男的评议对象是非常广泛的，美的或丑的，讨人喜欢的或令人厌恶的，所有熟悉的异性都可能引起他们兴致勃勃的讨论。

　　另外，少男的评议具有更强的性色彩，对于女性的服饰之类，他们并无什么兴趣，他们关注的是诸如容貌和身材等内容。如他们可能会对全班或全年级甚至全校女生的容貌或身材逐一进行评分。

　　进入恋爱期后，少男的性意识日渐成熟。但在恋爱期的初期，少男的感情仍然具有不够深沉且容易转换对象的特点。

　　通过上面对青少年性心理发展水平和特点的详细分析可以看出，在青少年的发展过程中，存在着不少易让青少年产生误解的现象，也存在着一些青少年自身还难以克服和把握的问题，更有不少可直接导致青少年一失足成千古恨的内在诱因。

　　青春期是个体性发育的关键时期，一方面，由于性机能的日趋成熟和性意识觉醒，产生了从未有过的性心理和行为反应；另一方面，此时期的心理发展、认知水平、意志控制力和社会化水平等相对滞后，这使青春期的性活动很容易出现问题。正因如此，心理学家盖特将青春期称为"急风暴雨期"，心理学家霍尔将青春期称为"危机期"。青春期教育的重要性由此可见一斑。

认识你自己

在遥远的古希腊时代，人们就将"认识你自己"的铭文刻在了神殿之上。但是，千百年来人类仍在不断地询问"我是谁？"对我们每个人来说，认识自己，弄清楚"我是谁"，都是一个非常重要而又非常困难的问题。认识自己，需要有正确的自我意识。所谓自我意识，是指我们对自身状态的识别和觉察，主要有自我知觉、自我评价、自我体验和自我调控等。

自我知觉是指我们对自己的身体、欲望、情感和思想方面的认识。如知道自己的生理特点、知道自己想要什么等。

自我评价是指我们对自己的生理和心理特征的判断，当然，这种判断是建立在与其他人进行比较的基础上的，如知道自己比大多数人强壮、聪明、大方等。青年人自我评价的独立性较强，一般都能够对自己的内心世界与人格特征进行比较客观的评价，但也容易出现过低或过高地评价自我的倾向。

自我体验是我们对自己的情绪和情感的认知、体会和态度。自尊心是自我意识中最敏感、最不容别人侵犯的部分。

自我调控是指我们对自身的心理和行为的主动把握。青少年们的自我调控能力正趋于成熟，由以往的外部控制为主转向内部控制为主。正确的自我意识一旦形成，我们就会对自己做出客观准确的评价，从而了解自己的优势与不足，选择合适的奋斗目标与生活道路。

古往今来，都说知人不易，知己更难。心理学家科恩曾说："青年初期最有价值的心理成果就是发现自己的内部世界。对于青年来说，这种发现与哥白尼当时的革命同等重要。"认识自我，一般有以下途径：

1. 通过他人认识自己

我们在与他人交往的过程中，一方面，能通过与他人的比较而认识到自己的一些特点；另一方面，通过他人对自己的评价和态度而认识自己。

2. 通过活动认识自己

我们的社会实践活动，在一定程度上反映着我们的智力水平和人格特征等。因此，通过对活动过程和结果做一定的分析，也能很好地认识自己。

3. 通过内省认识自己

我们既是心理活动的主体，又是心理活动的对象。我们通过内省就可以了解到自己的智力、情绪、意志、能力、气质、性格和身体结构等特点，内省是形成自我意识的重要途径之一。

在认识自己的过程中，我们一定要注意客观、全面、辩证地看待自己，形成正确的自我意识，真正地了解自己，并以此来选择适合自己的发展道路。

与正确的自我意识相对的，就是病态的自我意识。具体说来，主要有三种情况：

1. 意识模糊。是指在思维、理解、记忆和计算等精神活动等方面变得缓慢、迟钝等。周围一般细小的变化不能引起病人的注意，常不能对时间、空间正确地估计和定向。这种情况多见于高热、颅内压增高、中毒、醉酒、脑外伤等。

2. 意识混乱。表现为联想障碍、思维不连贯、语言紊乱等。精神活动不像意识糊涂那样迟钝，在表面上反而有更活跃的倾向。

3. 意识蒙眬。一种在意识度降低的情况下突然发生的意识范围狭窄，只能在一定的范围内与周围环境保持清醒的接触，并做一些复杂的完整的动作，但有时会突然打人、骂人或自行徘徊，事过以后会全然遗忘。这种情况常见于脑外伤和脑血管痉挛的患者。

认识代沟

20世纪40年代，"代沟"一词在美国被提出，并很快地流传到世界各地。随着现代社会的发展与进步，一代人与另一代人之间的代沟也越来越明显地表露了出来。而在几十年前，"代沟"还只是令西方人头痛的问题，当时的中国还感觉不到"代沟"的困惑，但在今天，"代沟"却越来越成为人们讨论的焦点。

所谓代沟，简单地说就是指两代人之间的差异，就好比代与代之间有一条鸿沟一样，阻碍着两代人之间在思想、情感等方面进行交流。具体而言，是指不同代际的人们在思想、情感、生活习惯、价值观上的不一致造成的矛盾冲突，冲突的结果或者一方屈从于另一方，或者两败俱伤，给两代人的关系带来更大的裂痕。

形成代沟的原因大致有成长环境差异、不同年龄的心理特征差异、社会地位不同造成的差异以及由社会发展导致的两代人之间在心理状态、行为表现、价值观念、伦理道德观念等方面的差异。

"代沟"其实是一种很正常的社会现象，是一个在时间上不可避免的历史事件，同时又是一个生物事件。前者是指社会的发展变化，必然使老年人和青年人有着不尽相同的社会经历，历史发展了，人们所处的社会环境、社会任务肯定会有所不同；后者是指一个人由青年到老年，生理上的变化必然带来心理上和行为上的变化。

我们只有充分理解两代人的差异是一个历史和生物过程，才能正确处理代沟。老年人在正确处理代沟问题时，要用理解和宽容的方法。然而理解并不一定意味着赞同，也不意味着一定要站在对方的立场上，而是一种宽容，即允许对方按照自己的意愿行事，其中包括老年人自己。宽容是以理解历史和生物变化为基础的。只要理解并宽容，老年人就会从代沟所带来的困扰中解脱出来。

尽管代沟总是表现为年轻一代对传统的反抗，在它发展到极端的西方，曾经引起人们世界末日般的恐慌。然而，我们有更充分的理由抱乐观的态度。纵观历史，每当时代迈着大步前进的时候，也是代沟的问题表现得最突出、最鲜明的时候。代沟，也可以说是由于时代的剧变而必然造成的不同代际的人之间的差异，它反映了新旧事物之间的认识真空。如果说它预示着危机的话，它同时也预示了新的前景和希望。盛唐诗人孟浩然曾写下了两句耐人寻味的诗："人事有代谢，往来成古今。"这正是对这种转化的写照。

历史和文化的变易，都是以代为轴心而轮转的。这是常识，但面对此情此景，却不是每个人都能保持镇静的。因为作为历史的"代"，它的关键在于消解性的"变"。"变"推动了"代"的轮转，体现了生命的节律。这种节律与人事相通并成为人事代谢的依据，变通意识是出于对"代"的尊重。

纪伯伦曾经说过："我从多话中学到静默，从褊狭中学到宽容，从残忍中学到仁爱。"那么我们就应从"代沟"中学到理解。

从一定意义上讲，代沟是社会进步的产物，也是晚辈超越长辈的标志之一。尽管年轻一代的心理发展尚不成熟，但他们代表着时代进步的趋势。因此，青少年与父母辈的代沟现象并不可怕，既不要夸大，也不要贬低，只要正视它，就能加以弥合。下面，我们以家庭中的代沟问题为例，看看可以如何对待。

角色互换，这是弥合代沟的有效方式之一。在家庭生活中，父母与子女所承担的角色与义务有很大差别，对同一问题，各自的思维方式、行为定向以及考虑问题的出发点等也大不相同，故而，互相之间往往难以理解。而通过角色互换，让父母站在子女的角度上考虑问题，而子女则站在父母的角度上考虑问题，就能使双方理解做父母与做子女各自的难处，各自的心理需求和行为动因，消除彼此间的隔阂。

相互尊重，这是弥合代沟的重要条件。青少年特别渴望得到父母和周围成人的尊重，而在有些父母的心目中，子女永远是自己的孩子，忽视了他们独立的意向和人格的尊严，从而导致子女心理上的对立和抗拒，使得两代人之间更难沟通。反过来，有些子女往往在经济等方面对父母有过分的要求，或者不尊重父母在自己身上所耗费的劳动和付出的感情，这同样会引起父母的失望。

求同存异，也是弥合代沟的有效方法之一。生活在不同历史时代的两代人，在行为方式、生活态度、价值观、情感、理想、信念以及人生观、世界观等方面存在差异，这都是正常情况。这些差异，有的可以通过交换意见、沟通思想达到统一；有的则难以协调一致，会长期存在。如果没有求同，任由代际差距扩大，两代人间将难以有效沟通；如果没有存异而一味求同，则代际冲突将更为激烈。

需要指出的是，代沟的"代"的内涵也在发生着改变。以前，一代大抵指 20 年，即父辈与子辈间的时间跨度。但现在，由于社会文化发展、更迭的速度在不断地加快，代的时间跨度在不断地缩小——15 年、10 年，甚至更短。也就是说，现在相差 10 年甚至更短时间的两个年龄段的人之间，就会有代沟存在了。这种现象在快速发展的中国表现得尤为明显。

教养方式与人格

人格特征的形成是先天的遗传因素和后天的环境、教育因素相互作用的结果。其中，家庭教育，尤其是父母教养方式是儿童成长过程中影响儿童人格形成的重要因素。各人的家庭教育价值观不同，人们对孩子的具体教养方式存在较大的差异。这种差异可以通过两个维度来加以描述，一是宽容与限制，反映父母对孩子自主行为的允许程度；二是接受与拒绝，反映父母是否经常接受孩子的要求，并给予外部满足的程度。根据这两个维度的不同组合形式，父母的教养方式大致可以分为五类：

溺爱型：父母对孩子的活动和行为不加必要约束，对孩子的需要不加判断便即刻给予满足，把孩子捧为掌上明珠，过分保护，百般宠爱，百依百顺。"小皇帝""小公主"们便是家长溺爱的结果。

放任型：父母对孩子不加控制，不提要求，对孩子的活动不鼓励，不指导，也没有惩罚。其典型的态度表现为冷漠等。

支配型：父母对孩子的活动和行为严格控制，注重对孩子进行物质鼓励，父母把自己的选择强加给孩子而不作说明，并且常用惩罚强制执行。典型的态度表现为责备等。

专制型：对孩子的活动和行为严格限制，对孩子的要求不加思考地予以拒绝，教育方式简单粗暴，经常体罚孩子。典型的态度表现为训斥等。

民主型：父母对孩子的活动在加以保护的同时，给予社会和文化的训练。对孩子的要求给予合理地满足，并在某种程度上加以限制。鼓励孩子做出独立和探索的行为。能根据孩子的反应随时调整教育措施。典型的态度表现为和蔼等。

父母教养方式与孩子个性发展的关系

教养方式	孩子的个性
支配型	缺乏自主性、被动、消极、顺从、幼稚
专制型	攻击性、情绪不稳定、依赖、盲从
民主型	合作、独立、坦率、温和、理性、善社交
溺爱型	任性、幼稚、神经质、温和、独立性差
放任型	攻击性、情绪不稳定、冷漠、自立

的确，父母的教养方式与子女的人格特点之间具有一定的关系。中国心理学家王极盛对高考状元的调查结果显示："状元"们的家教大都是温和民主式的。他们在温和、民主、宽松的家庭环境中成长，个性得到充分发展，学习潜力得到充分发挥。这些孩子有个性，独立思考能力强，有见解。同时，他们也能与同学、教师相处得很好。父母温和、理解、民主的教养方式使他们尊重别人，尊重同学。他们虽然是学习上的佼佼者，但是他们不骄傲自满，他们能和同学相互帮助，他们并不认为帮助同学是单方面的，而是认为与同学相互帮助的同时自己也得到了帮助。

美国著名作家海明威一生骄傲自大、争强好胜。他对个人的尊严和权利有着异常的敏感及强烈的自我意识。他嫉妒多疑，生怕别人轻视或超过自己，甚至经常在作品中嘲讽同行、朋友或亲人……海明威的这些超乎寻常的自尊、自大等，实际是对其极度自卑、怯懦、失败、恐惧情绪的掩饰，是他强烈的内心冲突、矛盾心理的外在表现。

传记作家林恩用精神分析的理论剖析海明威自相矛盾的性格，通过追溯其童年的经历及成长环境发现：海明威母亲对孩子的教养方式是造成海明威矛盾心理的重要原因。海明威一出生，便被母亲当作女孩，与长他一岁半的姐姐一起养。这种教养方式或许是溺爱孩子的母亲一时的心血来潮，却对海明威悲剧式命运产生深远影响。

海明威噩梦般内心世界还受到另一重要人物的影响，这个人便是他的生父埃德·海明威医生。埃德·海明威有着捕鱼、打猎等男性化的兴趣爱好，然而其在夫妻关系上屈辱、怯懦的地位及自杀的结局都对幼年海明威产生深刻影响。他一方面对父亲捕鱼、打猎的爱好表现出极大的崇拜，一方面又鄙视其丧失男性尊严的懦弱言行。一年夏天，将满18岁的海明威静静地坐在工棚门口，不时地拿起一把上了膛的手枪，瞄准他父亲的头。林恩剖析了这一举动时说："这种模拟的暗杀动作或许是出自这孩子想杀死这个人的愿望，而这人就是他所担心的、自己有朝一日将会成为的男人。"这种担心、焦虑日复一日，愈演愈烈。这种对男性意识的狂热着魔是其试图超越父亲的一种努力，是摆脱内心恐惧的一种挣扎。幼年男扮女装的经历及父亲失败的人生给海明威造成深深的心理创伤，以至影响到他的个性、行为、创作乃至最终饮弹自尽。

为什么会这样

面对考试不及格，不同的人甚至同一个人也可能会有许多不同的反应：

"没什么好说的，是我人笨。"

"这次的题目实在太难（偏），没办法。"

"这阵子玩得太多，的确没有好好学习。"

"这次考试，我的运气不大好，相信下一次不会再这样。"

"这又不是大考，我根本没把它当回事。关键要看总决赛。"

……

这是怎么回事呢？它是由不同的归因方式造成的。

我们每个人都经常会思考诸如"他为什么要这样""我为什么会这样""为什么发生这样的事"之类的问题，对自己和他人的行为以及其他一些事的原因进行猜测和解释，因为我们都希望或需要预见他人的行为、控制周围的环境，这样，我们就能更好地在复杂的社会中生活。心理学家把这种猜测和解释叫作归因。

所谓归因，是指人们寻找导致自己或他人的荣辱、得失、苦乐、成败原因的一种心理活动。简单地说，就是对事情原因的看法、解释或推测。由于每个人的过去经验、思维方法乃至世界观不同，对于同一件事情会进行不同归因，而不同的归因会对个体以后的心理和行为产生不同的影响。

一个学生考试不及格后，如果归因为"自己笨"，则这件事会打击他的自信心、自尊心，以后会降低对自己的要求和评价；如果归因为题目太难或运气不好，那么虽然他的自信心不会受到伤害，但他也不会因此而更加努力；

如果归因为"自己没好好学"，则以后会在学习上更加努力。

人们行为的原因包括内部原因和外部原因两种。内部原因是指个体自身所具有的、导致其行为表现的品质和特征，包括个体的人格、情绪、心境、动机、欲求、能力、努力等。外部原因是指个体自身以外的、导致其行为表现的条件和影响，包括环境条件、情境特征、他人的影响等。

根据行为原因的不同属性，归因又可以分为向外归因和向内归因。向外归因表现为遭受失败时首先找寻外部因素，如环境恶劣、背运，并推卸自身应该承担的责任；而向内归因则表现为遭受失败时先反省自己的错误行为，并承担应该承担的责任。

一般情况下，青少年由于自身成长与发展的"未完成性"，其常见的病态归因方式大概有以下几种：

偏执性归因，将自己所遭受的挫折与失败归咎于别人。所谓"不是我无能，而是对手太狡猾了"，或者"不是我不努力，而是有人跟我过不去；不是我没水平，而是没有伯乐那样的领导"等等。有这种心理的个体，其人际关系一般都比较紧张。

疑病性归因，把自己的一切不顺利都归为身体有病。在学校"仕途"不顺是因为有病，考试不及格是因为有病，人际关系处理不好还是因为有病，疾病成了保护伞和防空洞，主观因素被推得一干二净。有这种心理的人，往往庸庸碌碌，一事无成。

宿命性归因，总是将失败和不幸归咎于命运。在日常生活中我们常常可以听到周围朋友发出感慨"命中注定，有什么办法呢？""人算不如天算，认命吧"等等，就是把失败和不幸视作是"理所当然"。

这些不合理的归因方式往往导致对自己、对别人、对事情的过分苛求，或者不断放弃学习和生活中进步的机会，从而不断产生挫败感。除了平时的情绪失调与这些不合理认识有关外，一些心理疾病如社交恐惧症，人格障碍等的背后也往往有这方面的原因。

这些不恰当的归因问题，其轴心是责任问题。具有病态归因心理的人，说到底是害怕承担责任，害怕面对现实，心理承受能力低下。可以肯定地说，这种心理是不健康的。那么遇到类似的情境具体应如何处理呢？

有研究表明，成就动机的高低是影响学习或工作成绩好坏的重要原因。我们可以通过对学生或员工进行归因训练，使他们习惯于做个人倾向的归因，将其成绩的好坏归因于自己的努力与能力，从而提高成就动机。

当然，努力是一种内在的不稳定因素，而能力是一种内在的稳定因素，两者的差异是显著的。对学业或工作中的失败，应尽量引导他们归因于努力这一因素，而不宜过多归因于能力。否则，可能会使个体降低对自己的期望值、丧失信心等。

我们再看一些生活中的例子。

一学生打架被学校重罚。如果其他学生将其归因为"这家伙运气不好，被逮住了""正好遇到校风整顿，撞在枪口上了"或"这一阵，老师正在生气呢"之类不稳定的因素，那么，此次处罚就不会对其他同学产生示范和警示作用。

如果其他学生将重罚归因为"打架就是要重罚的，校规校纪上写得很清楚""每个人都应当为自己的行为负责""打架就是不对，哪怕你有理，怪他自己"等稳定的因素，那么，此次事件将起到较好的警示效果。

另外，对学生而言，能力、智商（内因）、教材难度（外因）等，是学生不可控制的因素；方法（内因）、同学的关系（外因）等，是学生可以控制的因素。一般说来，不可控制的因素是一种客观存在。尽管人的能力、品质、性格等具有可塑性，会因环境和主观努力而改变，但这种改变是缓慢的，需要较长时间。在归因时，要正确认识不可控制的原因和可控制的原因的作用，既要重视客观事实，又要强调主观努力。应多从可控制的因素中寻找原因。因此，正确归因就是要对造成自己或他人行为及其后果的原因进行实事求是的认识和分析，弄清挫折的原因到底是外部的还是内部的、是稳定还是不稳定的、是可控制的还是不可控或是这些因素相互交织、共同起作用的。正确的分析和归因，是应付和解决问题的必要基础。

你想了解心理测验吗

我们经常在网上、书里和一些期刊报纸中，会发现各种各样的心理测验。这通常是一些简易的心理测量工具，大多没有经过严格的信度、效度检验，是比较简单的、属于娱乐性质的。它可以让你对自己进行一个简单的评估和测验，了解自己的心理发展大致处于一个什么水平。了解了自己心理状态的各个方面后，就能让你认识和了解到自己的特长和弱点，进而"有则改之，无则加勉"。

心理测验一经产生，便被广泛应用于社会生活各个领域。随着社会的发展，人们对心理测验的需求有增无减。而今，心理测验已在社会很多领域中扮演着相当重要的角色。主要表现在：

1. 利用心理测验可进行选拔

在发达国家，心理测验最广泛应用于选拔工作人员。在选拔工作人员时都要用到能力测验和人格测验。

使用一般能力测验可对被测者的全面能力（语言、数字、空间能力）进行准确的评估。由于测验结果可以用量化的得分表示出来，人们能够通过测验所得分数将被测者能力进行排序，得分高的人很大程度上也是综合素质高的人。通过这种方式，优秀人才便能脱颖而出。

特殊能力测验广泛应用于职业选拔，如飞行员的能力测验。许多组织也使用人格测验招聘工作人员，主要用测验结果来评估人们是否胜任某项工作、能否与同事形成良好的合作关系以及是否具有良好稳定的心理状态。

2. 利用心理测验可促进自我了解

现有越来越多的人使用心理测验，他们通过这种方式了解自己心理活动状态，促进自我了解。我们可以通过兴趣量表、人格测验以及能力测验来进一步了解自我。

（1）兴趣量表

职业兴趣、职业偏好和职业价值观的测量被广泛应用于职业咨询中，这些测验主要通过帮助人们识别他们感兴趣的职业领域，帮助其建立合适的职业规划。

（2）人格量表

通过人格量表可以使人们更加清楚自己的个性、行为的偏好，更好地理解自己的工作、学习风格和爱好，这对每个人来说都是有用的。

（3）能力测验

能力测验也可以促进自我了解。在学习和工作中取得成功是由于能力和动力等方面的作用。兴趣测验可以了解后者，而能力测验帮助我们了解前者。

3. 利用心理测验进行筛选和诊断

筛选和诊断是测验广泛应用的第三个领域。许多人格量表的设计主要是为了这个目的，即筛选出需要临床心理学家进一步评估的人，帮助确定恰当的治疗方案。明尼苏达多项人格问卷（MMPI）是在临床评估中应用最广泛的一个测量表。

心理测验除了用于筛选目的的心理诊断外，也广泛应用于学校和其他教育机构。例如，许多学校在某一特定年级对所有学生施行一般能力测验。测验结果可能被学校以多种途径加以应用，如分班等。学校也使用专门测验，例如，阅读能力或语言理解测验，以监测每个学生在某一学科的进步。

4. 利用心理测验进行工作分析

人们大多不太了解这类心理测验，然而分析在某一项目的各个环节对组织、尤其是跨国公司来说极为重要。这些环节包括招聘和分配新成员、培训和开发活动、评估成绩、组织设计、人力资源计划、仪器设备的使用、员工工资和福利等。心理学家开发了各种各样工作分析的方法。

虽然心理测验有很多用处，但我们还应正确对待心理测验。大家在做心理测验时，应注意以下事项：

1. 实事求是，不要有任何顾虑。例如，"在别人不注意时，你有时做违反制度的事情"，如果你有过，就回答"是"，因为这不是道德判断的问题，而是反映一个人的性格倾向，是独立型还是顺从型的。

2. 心理测验中答案的选择不要做任何是非判断，而应该反映自身真实情况。

3. 心理测验问卷中，有部分"测谎题"，以保证测验的有效、真实。某些人过于掩饰自己，测谎分数过高，则该被试者很有可能会成为心理素质有问题的"怀疑对象"。例如，"我爱发脾气"和"我很少与别人争吵"，这两题是矛盾的，只选其中一个是比较正常的，如果两个题都答"是"或都答"否"，必有一个答案是谎言，要么被怀疑有抑郁症，要么就被怀疑是人格不统一。

4. 不必反复琢磨，不要随便修改你的答案。凭第一印象，尽快选择答案，以自己的理解作答。

5. 每个题都要作出选择，不可回避不答。

6. 必须独立答题，不可议论，也不能看别人的答案；以电脑测验时，必须相互隔离，以保证不受他人暗示。

7. 心理测验结果应是保密的，由心理学专业人员做出解释和评估。

附：一则趣味心理测验

这是一组有趣的心理测验题，请凭直觉考虑你的选择。

1. 一边是绿茵茵的草地，另一边是黑森森的原始森林，你是往草地走，还是向森林走？

2. 越过草地或森林，你希望在面前出现的是辽阔大海、奔腾的江河，还是涓涓的小溪？

3. 涉过大海、江河或小溪，在你眼前出现了一间小茅屋。当你走向小茅屋之前，你会不会回头望一眼大海、江河或小溪？

4. 当你走进小茅屋，看见桌子上面有只花瓶，你希望花瓶是古典式的，还是现代式的？是大的还是小的，还是中等的？

5. 你希望这茅屋有没有窗户？如有，是大的还是小的？多还是少？

6. 桌子上有只杯子，你不小心把它摔在地上，你希望这杯子摔碎了还是保持完好？是摔得粉碎，还是摔得缺一块可以修补？

7. 走出小屋，你面前有两条路，一条大道，一条小路，你选择哪一条？

8. 你来到沙漠地带，你已经渴了，此时路边有杯水，你是看都不看就走？还是喝光再跑？还是只喝一半把杯子带着走？还是喝一点放回原处？

9. 天渐渐暗了，你来到一处山谷，突然你看见一个很吓人的白发魔女。你是掉头就走，还是站在一边不响，还是上前搭话？

10. 翻过山地，一堵墙挡住了去路。你是翻过去还是绕路而行？

11. 越过了这堵墙，你就来到一个动物园，里面有马、狗、兔、猫、虎、蛇、牛、猴、羊、猪和鹰等动物。你喜欢哪一个？

答案分析

1. 去森林，说明童年生活并不是在父母的百般疼爱下度过的。若爱草地，则相反。

2. 选择大海，说明你的初恋像大海般深沉。选择江河，说明你的初恋如江河在你的胸中奔腾。若换了小溪，则说明你的初恋如小溪泉水在你心中淙淙流过，给你留下温馨的回忆。

3. 你如回头望，说明初恋使你难忘，第一个恋人常常闪现在你的记忆里。若不回头，说明你觉得初恋不成熟，早把它忘了。

4. 对花瓶的选择，往往体现你对终身伴侣的要求。喜欢古典式的则喜欢文静、沉稳，具有较多传统思想的伴侣。爱现代式的则要求伴侣是热烈、活跃、思想解放的类型。花瓶大中小则说明对方个头的高矮。

5. 希望小茅屋没窗户则生活中没朋友，是个孤独的人。希望窗户小且少，说明朋友少且知心的没有。希望窗户大而又多（两扇以上），生活中有几位知心朋友。

6. 希望杯子不碎，说明你生活的道路较为笔直。希望杯子摔缺一块但可以补，说明你生活受过挫折，并很快平复。希望摔得粉碎，说明你的生活遭受过重大挫折。

7. 选择大道，说明你认为往后的生活和事业之路是顺利的，选择小路说明你对生活和事业的前路做好了遭遇失败和坎坷的准备。

8. 不喝就走，说明你做事情缺乏打算，或顾虑太多（担心水有毒）。喝光再走说明做事只图眼前利益。喝一半带着走，说明你做事有计划，懂策略。喝一点放在原处说明做事欠缺长远考虑，或习惯为他人打算。

9. 见到白发魔女掉头就走，说明你胆子较小。站在一边不说话说明你遇事冷静，懂观察，有谋略。敢上前讲几句话，那你的胆量、魄力很大。

10. 面对围墙翻过去说明尽管有困难，但你能够克服。绕路走说明你害怕困难，缺乏魄力。

11. 马忠实，狗义气，兔子惹人爱，猫缠绵，虎凶悍，蛇狡猾，牛勤恳，猴活跃，羊温顺，猪懒惰，鹰有雄心壮志。

你有过高峰体验吗

著名心理学家马斯洛经过长期研究得出结论，认为那些最成功的科学家、人类学家、心理学家、书画家等通常具有共同的经历：高峰体验。哪何谓高峰体验？

高峰体验，意思是指人在进入自我实现和超越自我状态时所感受到的一种广阔和极度兴奋的喜悦心情，即指在日常生活、学习、工作、文艺欣赏或投身于大自然时，感受到一种奇妙、着迷、忘我并与外部世界融为一体的美好感觉。这种使人情绪饱满、高涨的"高峰体验"往往难以名状。在这种体验中，人处于一种忘我的无忧无虑的心境中，能消除畏惧的干扰，趋向积极的追求，因而容易获得成功。马斯洛认为，高峰体验尽管不常出现，但是多数人都曾经经历过。它在科学和文艺的创作中，很容易激发起创作者的创作激情。

高峰体验使人完全没有畏惧、焦虑、压抑、防御，抛弃了克制、阻止和管束。当然，这种体验是有限的，时间也很短暂。但这时，如果我们能充分利用它，就会有新创作和新发现。大画家凡·高往往就是在这种体验中，画出好的作品。他把生命的最后几年完全献给艺术，他就像被某种东西支配着，牺牲了一切，用生命去绘画。这其中的"某种东西"就是人的高峰体验。

高峰体验时人一般都觉得他处在自己能力的顶峰，觉得能最好地和最完善地运用自己的全部智能。这在哲学家中体现得尤其明显，例如，萨特、尼采和叔本华等人，他们都曾有过无数次这种体验。

相比于其他时刻，一个人处在高峰体验时，更觉得自己在活动和感知中是负责的、主动的，是创造的中心。像海明威、莫泊桑和马尔克斯等一大批文学家、艺术家，都常常有这样的体会。

高峰体验不仅仅是伟人才能体验到的，我们普通人有时也能体验到，但必须具备一定的环境、氛围和条件。通过对科学家、艺术家的分析我们发现，孤独、独立思考能为高峰体验创造条件。爱因斯坦就是一个孤独的、沉默的人。独立思考使爱因斯坦创造了科学的奇迹，但独立思考也使他在一定程度上成了一个孤独的人。爱因斯坦的独立思考极其深邃，在许多科学研究问题上，见解独特，难觅知音，这也加深了他的孤独。

当然，高峰体验更多的是一个人孜孜奋斗、拼搏的结果。它是一种冲动、一种情绪、一种灵感。一个人抓住了这种体验，并充分利用这种体验，是会有收获和创作的，能使人走向成功。

自我实现者的特点

马斯洛（Abraham H. Maslow，1908—1970）是美国社会心理学家、人格理论家和比较心理学家，人本主义心理学的主要发起者和创建者。他的动机理论又称需要层次论，他认为人类动机的发展和需要的满足有密切的关系。需要的层次有高低的不同，从低到高依次是生理需要、安全的需要、爱与归属的需要、尊重的需要和自我实现的需要。每一层次需求的满足程度，将决定个体人格发展的境界或程度。各层次的性质及其在人格发展上的功能分别是：

1. 生理需求

包括维持生存的需求，诸如食、饮、睡眠、性欲等，只有在生理需求满足之后，高一层的需求才会产生。

2. 安全需求

包括希望得到保护与免于受到威胁从而获得安全感的需求，只有生理及安全两种需求满足之后，高一层的需求才产生。

3. 爱与归属需求

包括被别人接纳、爱护、关注、欣赏、鼓励等需求，只有包括此一层次在内的三种需求均获满足之后，再高一层次的需求才能产生。

4. 尊重需求

包括受人尊重与自我尊重两方面；前者希望得到别人的尊重，后者希求个人有价值。只有包括此一层次在内的四种需求都能获得满足，最高层次的需求才产生。

5.自我实现需求

包括精神层面的臻于真善美以及所追求至高人生境界获得满足的需求。因为前面四层需求均获满足是最高层需求的基础，因此，对自我实现需求这一层次来说，前面四层需求合在一起称为基本需求，而最高层次的自我实现需求，则称为成长需求。

所谓自我实现是指个体在成长中，其身心各方面的潜力获得充分发挥的历程与结果，即个体本身生而俱有但潜藏未露的良好品质，得以在现实生活中充分展现出来。追求自我实现是人的终极目标，它的特征是对某一事业的忘我献身，高层次的自我实现具有超越自我的特征，有很高的社会价值。

"自我实现者"并不是专指什么"成功人士"，而是指在精神层面上对于真善美至高人生境界不断追求的人。根据马斯洛的理论，这是人生最高层次的需求。能够满足自我实现需求的人往往具有健全人格，一般说来，自我实现者具有以下特征：

能够了解、认清现实，持有实际的人生观。

能够接纳自己、别人以及周围世界。

能够自然地表达情绪与思想。

视野较宽广，能够就事论事，较少考虑个人利害关系。

能够享受私人生活。

有独立自主的特点。

对于平凡事物不会感到厌倦，在日常生活中能经常发现新的经验。

在生命中曾有过引起心灵震荡的高峰体验。

爱人类，认同自己是全人类的一员。

拥有知己，与家人关系密切。

具有民主风范，尊重别人的意见。

有伦理观念，能够区分手段与目的，不会为达目的而不择手段。

有幽默感。

具有创新精神，不会墨守成规。

不流于世俗所见。

经常拥有改进生活环境的意愿和能力。

你是一个自我实现者吗？快来检视一下自己！

附：自我实现需要测评

本测验共 6 题，每题有 7 个表示程度的备选答案，你只要选择你认为符合你自己实际情况的选项，就能了解你的自我实现水平。

1. 我总是不断提高奋斗目标。

①完全不同意　②非常不同意　③稍有不同意　④无所谓

⑤稍有同意　　⑥非常同意　　⑦完全同意

2. 我并不苛求自己。

①完全不同意　②非常不同意　③稍有不同意　④无所谓

⑤稍有同意　　⑥非常同意　　⑦完全同意

3. 我择业时很看重这份工作能否不断提高自己的能力。

①完全不同意　②非常不同意　③稍有不同意　④无所谓

⑤稍有同意　　⑥非常同意　　⑦完全同意

4. 我喜欢既省力又收入高的工作。

①完全不同意　②非常不同意　③稍有不同意　④无所谓

⑤稍有同意　　⑥非常同意　　⑦完全同意

5. 我总是乐于尝试没做过的事。

①完全不同意　②非常不同意　③稍有不同意　④无所谓

⑤稍有同意　　⑥非常同意　　⑦完全同意

6. 我的天赋如果不被别人重视，我宁可放弃。

①完全不同意　②非常不同意　③稍有不同意　④无所谓

⑤稍有同意　　⑥非常同意　　⑦完全同意

测验结果解释

7个备选答案的分值从①～⑦依次为1～7分。总分越高，你的自我实现需要就越高，越趋于自我实现者；反之亦然。一个人的需求层次越高，他就越重视选择职业是否能符合个人的发展，对职业期望往往也越高。建议选择那些最能使你发挥潜能的工作，以实现你的自我价值。

人格测验对我们有什么帮助

人格（personality）是一个具有多种含义的概念，在不同的学科中具有不同的意义，用在不同的场合表达不同的意思。心理学家对人格的含义尽管有许多不同的看法，但在通常意义上，人格指一个人相对稳定的心理特征和行为倾向。

人格测量就是通过一定的方法，对在人的行为中起稳定的调节作用的心理特质和行为倾向进行定量分析，以便进一步预测个人未来的行为。由于心理学界对人格的看法不尽一致，有关人格的测验方法也多种多样。目前，用于人格测量的测验多达数百种，从编制测验的方法和测量的程序来看，人格测量技术的类型主要有自陈量表、投射测验、评定法、情境法、行为观察法、晤谈法等。

自陈量表就是根据要测量的人格特质编制许多问题，要求被测者根据自己的实际情况逐一回答，然后根据被测者的答案，去衡量被测者在这种人格特质上表现的程度。最主要的自陈量表有《明尼苏达多项人格问卷》《卡将尔 16 种人格因素量表》《艾森克人格问卷》等。

《明尼苏达多项人格问卷》（简称 MMPI），包含 3 个效度量表（说谎量表、诈病量表和校正量表）和 10 个反映人格特质的临床量表（疑病、抑郁、疑兵、精神病态、男性化—女性化、妄想狂、精神衰弱、精神分裂、轻躁狂和社会内向）总共有 566 个是否项目。该测验能为我们提供身体的体验、社会及政治态度、性的态度、妄想和幻想等精神病理学行为症状等方面的情况。

《卡特尔 16 种人格因素量表》（简称 16PF），共有 187 个项目，用以测量人格结构的 16 种特质（乐群性、聪慧性、稳定性、持强性、兴奋性、有恒性、敢为性、敏感性、怀疑性、幻想性、世故性、忧虑性、实验性、独立性、自律性和紧张性）。该测验不仅可以反映我们人格的 16 个方面中各个方面的情况和其整体的人格特点组合情况，还可以通过某些因素的组合效应反映性格的内外倾向、心理健康状况、人际关系情况、职业倾向、在新工作环境中有无学习成长的能力、从事专业的成就情况和创造能力情况，也可以反映我们的人格素质状况并作为临床诊断工具用于心理临床诊断。

《艾森克人格问卷》（简称 EPQ），共有 88 个项目，包含内外向、情绪稳定性、精神质和效度量表等 4 个量表。该问卷中前 3 个方面代表人格的三种维度，此三个维度上的表现构成了千姿百态的人格结构。此外，艾森克还将外倾性和稳定性两个维度作了垂直交叉分析，得到 4 种典型的人格类型：外向稳定型——善领导、无忧虑、活泼、悠闲、易共鸣、健谈、开朗以及善交际；外向易变型——主动、乐观、冲动、易变、易激动、好斗、不安定以及易怒；内向易变型——文静、不善交际、缄默、悲观、严肃、刻板、焦虑以及忧郁；内向稳定型——镇静、性情平和、可信赖、有节制、平静、深思、谨慎与被动。该测验能帮助我们了解自己属于何种人格类型及各自相关特征。

投射测验能反映我们的思维特点、内在需要、焦虑、冲突等人格方面的特点，其具体方法是通过向被测者提供一些未经组织的刺激情境，让被测者在不受限制的情境下自由地表现出他的反应，分析反应的结果，以推断其人格类型。各种刺激情境（墨迹、图片、语句、数码等）的作用就像银幕一样，被测者把他的人格特点投射到这张银幕上。所以，这类测验称为投射测验。从非学术性语言来说，从施测者的方面讲，投射测验是"醉翁之意不在酒""旁敲侧击""意在他图"；而从被测者方面来说，则是"情人眼里出西施""不经意中露真情"。著名的投射测验有罗夏墨迹测验和主题统觉测验。

另外利用人格测验还可以进行心理鉴定、评价和诊断，是心理咨询、心理治疗和职业咨询不可缺少的方法和手段。

附：你是一个怎样的人?

　　下面列的都是形容词。请逐一查看，如果那个形容词所描述的与自己目前状况相同，则在"我的确如此"之栏中写上"√"然后再从头查看那些形容词。这回，如果那个形容词所描述的正是你理想中的自己，则在"我自己希望如此"之栏中写上"○"。

　　题　目

	我确实如此"√"	我希望自己如此"○"	你的得分
多愁善感的			
固执己见的			
有幽默感的			
有独立性的			
友善的			
胸怀大志的			
风趣的			
诚实的			
有魅力的			
自制的			
热情的			
敏感的			
平凡的			
可靠的			
有才智的			
懒惰的			
愉快的			

（续表）

	我确实如此"√"	我希望自己如此"○"	你的得分
善妒的			
精力充沛的			
体贴的			
沉静的			
聪明的			
跋扈的			
有弹性的			
自我中心的			
脆弱的			
诚恳的			
坚强的			
愤世嫉俗的			
冲动的			
冷漠的			
轻松自在的			
总　分			

计分方法

　　你所填的两栏，如果两边一致，就得1分；否则，得0分。"两边一致"指的是，一个形容词后面有一个"√"，也有一个"○"，或者后面既无"×"也无"○"。如果仅有一栏填，则不算一致。把所有得分相加即得总分。

分数解释

如果有 75% 的形容词两边一致（亦即总分在 24 分以上），表示你对目前的自己有着适度的满意。不过，如果你只有一两个形容词不一致，其他都一致了，而且这些还是你认为非常重要的特质，那也并非不合理。事实上，这些特质很可能对你意义重大，以至于未能做那个有这些特质的人，会令你产生高度的挫折感。同样的，你也可能已经学会接受不做个理想中的自己，因此，未能变成另外一个人的烦恼也不会带给你冲突感。请反省一下，这些特质的意义如何，以及对你而言拥有这些特质有多么重要。

你有考试焦虑吗

考试焦虑是学生中常见的一种以担心、紧张或忧虑为特点的复杂而延续的情绪状态。在考试之前，当学生意识到考试对自己具有某种潜在威胁时，就会产生焦虑的心理状态，这是面临高考或中考的学生中普遍存在的现象。当他们怀疑自己的能力时，就会产生诸如忧虑、紧张、不安、失望、行动刻板、记忆受阻、思维发呆等的情绪变化，并伴随一系列的生理反应。这种心理状态持续时间过长就会出现坐立不安、食欲缺乏、睡眠失常，影响身心健康。

我们只有对焦虑本身有较为正确的认识，才能对症下药找到应对考试焦虑的正确方法。焦虑本身是人或动物对紧张情景的一种自然反应，心理研究结果表明，适度的焦虑能让学生发挥出自己最好的水平，一点不焦虑的同学反而很容易大意失荆州，而过度焦虑的同学则会过度紧张，造成注意力不集中、记忆力下降、精力不足，引起失眠、神经衰弱，经常头疼头晕、食欲缺乏等。考试焦虑主要表现在以下几个方面：

1. 怯场。所谓怯场，是指应试者由于心理过度紧张，情绪不安，大脑处于兴奋状态，难以控制自己，无法集中注意力，以至于有的表现头晕，活动失常，无法进行考试。

2. 丧失信心。在考试中由于应试者由于被迫参加，或是认为考试达不到检验学习成果的目的，或是在考试过程中预感到成绩不好，就会表现出情绪低落，动机缺乏强度、缺乏韧性，同样表现为无法集中注意力，以致弃考。这是由于动机过弱和注意力分散所致。在每次较重要的考试中，如第一科考试试题难度较大，成绩过低，会对第二科考试中学生的心理带来干扰，表现为消极，没有信心，直至不能坚持下去。

3.外来"刺激"带来的烦恼。在解答试题过程中，应试者要通过回忆、联想、知识重现等一系列心理活动对所学知识进行回顾。从生理学观点讲，回忆是人脑的一种机能，它是以记忆为基础的，是在试题词语的作用下，使暂时中断神经联系又恢复的过程。突然的外来"刺激"往往容易使"神经联系"中断，强"刺激"还能使原来已知"信息"难于"提取"，其结果影响测验进行。在考试中如有人突然大声喧哗，考场秩序混乱，附近传来噪音等，都是"刺激"的因素，都会影响在考场上的发挥。

4.偶发事项带来的惊慌。在学生缺乏思维准备的情况下发生的一些事项、事件，会给学生心理带来干扰，使其惊慌失措、心理紧张，影响正常思维，造成考试成绩下降。

焦虑程度因人而异，其影响因素主要包括两个方面：一方面是微观方面，即个体身心因素对考试焦虑水平的影响，如心智水平、健康状况、知识积累、应试技能等；另一方面是宏观方面，即外部因素（包括家庭教育、学校教育和社会环境等）对个体焦虑水平的影响。

学生在考试时，适度的焦虑能发挥人的最高考试水平。但是，太高或太低的焦虑都不能取得良好的考试成绩。而考试焦虑与应试技能存在密切的关系，因此为了防止学生产生过度的考试焦虑，提高应试技能是重要的一个环节，可从以下方面着手：

1.养成良好的学习习惯

良好的学习习惯包括：学习计划明确，学习制度健全并能始终坚持；学习过程中注意力集中，具有正确的阅读习惯，学习中遇到疑难问题务必搞懂搞通，等等。据日本学者的抽样调查，半数以上的中学生在存疑即问、快速阅读和务求甚解方面是有漏洞的。因此，教师应根据学生的具体情况加以辅导。例如，在阅读习惯上，要指导"一掠而过"不求甚解的学生放慢阅读速度，对重要的概念、原理、规则细细去读，反复咀嚼，力求搞懂搞透；而对阅读速度慢，喜欢用手指指着字阅读，或者默读时出声的学生，则应指导他们纠正不良习惯，加快阅读速度。

2. 做好临考准备

临考准备主要包括：（1）知识准备。临考前扎扎实实地全面做好各门功课的复习，这是取得考试成功的关键。复习的任务主要是强化记忆。使知识牢固化；查漏补缺，使知识完整化；融会贯通，使知识系统化；综合运用，提高解题能力。（2）生理准备。考前要休息好，以保持旺盛的精力，切不可"临时抱佛脚"，加班加点开夜车，弄得头昏脑涨。有些学生临考前虽然不看书，试图让大脑休息一下，但头脑中仍然摆脱不了对考试问题的思考，此时最好能适当参加一些文体活动，这样大脑可暂停对考试问题的思考，从而得到积极的休息。（3）心理准备。学生参加考试，感到情绪紧张甚至恐惧，这是常见的现象，且适度的紧张也是必要的。教师要使学生能正确对待考试，并可要求学生想一想万一考不好的对策，做好考不好的心理准备；同时要求学生对自己的期望要实事求是，这样可减轻学生的心理负担，做到"轻装上阵"。（4）物质准备。在考试前一天，应将考试所许物品，如准考证、文具、纸张等准备好，这样可防止临考时因缺这缺那而手忙脚乱，影响考试情绪。

3. 注意答题技巧

在应试过程中，由于各门课程的内容和考试要求有所不同，故答题技巧也有很多，以下提出主要的具有共同性的技巧：（1）注意身份资料。拿到考卷后，首先将自己的姓名、学号或准考证号等身份资料填在试卷规定的位置上。（2）注意教师说明。考试开始前，监考教师往往要对试卷作一些说明和交代，此时一定要注意倾听，对教师交代的试题中出现的问题，要及时纠正。（3）迅速浏览整卷。答卷前应迅速浏览以下全部考题，明确题目的难易程度，确定答题的先后顺序。（4）注意先易后难。按先易后难的原则做题，要把最无把握或不会做的题目放到最后去做。（5）注意认真审题。做题前细心审题，切实搞清题意和答题要求，力戒"张冠李戴"、答非所问的现象。（6）注意答题准确。答题中最要紧的是准确，而不是速度。与其图快错得一塌糊涂，不如放慢速度，做一题即能得分。应在"准"的基础上求"快"，否则，只快不准，等于不快。（7）注意卷面整洁。答卷时字迹务求清晰好认，工整美观。（8）注意认真检查。试题答完后，要对试卷加以认真检查。检查时要注意题目是否遗漏，题意是否弄错，解题思路、步骤、计算过程有无错误，等等。

4. 正确对待怯场

学生考试怯场是常见的心理失常现象，它是指学生在考试时因情绪情感紧张而使实际水平不能发挥的临场状态。怯场的表现多种多样，主要表现有：心跳加快，血压升高，面红耳赤，呼吸急促，头晕脑涨，感知觉模糊，思维混乱，注意涣散、狭窄等生理、心理反应。发生怯场的原因颇多，大致可分为主客观两个方面。主观原因有：心理压力过大，复习不充分，以往考试失败的阴影导致缺乏自信，不注意劳逸结合等。客观原因有：试题过难、过繁，试卷分量过大，考试时间过紧，监考人员过于严肃，考前物品准备不充分等。以上这些因素都能诱发学生在考试时怯场。

防止怯场，可从以下方面着手：首先，要充分准备、树立信心。即要做到肯定自己、相信自己，系统复习、加强训练，提高认识、减轻压力，劳逸结合、精力充沛。其次，要调整心态，克服怯场。即要做到先易后难、进入角色，转移注意、抑制紧张，运用调控、保持状态。针对怯场现象，采用一定的心理调节手段，如考生万一出现呼吸急促、面红耳赤、注意力不集中等情况时，可以有意识地"冷静一下"，短暂地闭目养神，做深呼吸，默念"放松，放松"，或者自我暗示——"不要惊慌，我有办法解决"等，这些措施都有一定的调节心理状态的效果。

趣话人际

我们为什么需要别人

　　"个人"仅仅是个抽象的概念，因为人永远不能离开有其他人存在的心理或物质环境。

　　在美国有一位探险家，想要探索一下如果轮船在航行中发生事故，遇难者生存的必要条件是什么？他原以为人们只要有生存的愿望和能力，有一些原始的工具和足够的淡水就能维持生命。他独自在大西洋中划一条小船开始了他的航程。然而，他却体验到难以忍受的孤独。他在日记中写道：与世隔绝的情境使我觉得孤零无依。有时候，我觉得漫无边际的海洋把我整个覆盖，跳动的心将成为整个宇宙的核心。同时我又似乎被整个宇宙所吞没。有时候，我自言自语，尝试听听自己的声音。不幸的是，这种做法使我更觉得孤独，更觉得自己是万籁无声世界中的俘虏。

　　看来，我们不能与世隔离，我们需要与其他人交流。即使我们自己独处一个房间时，我们仍然能意识到其他人的存在，以及其他人对于我们的期望和我们对于其他人的责任。

　　我们为什么需要其他人呢？让我们从一个人的生命之初开始谈吧。当一个可爱的婴儿降临人世时，她/他必须完全依靠其他人才能生存。我们来看看她/他是怎样与其他人交流的。当她/他感觉到饥饿，太冷、太热或四肢活动受到阻碍时，她/他会啼哭；她/他感觉到身体不舒服或大小便时也会啼哭。她/他通过啼哭获得妈妈的哺育和爱护，满足了她/他生存的需要。

　　在妈妈的精心照料下，婴儿一天天长大，她/他也慢慢地能够辨别妈妈与陌生人。与妈妈间爱的关系，奠定了日后她/他与其他人感情的基础。而满足她／他生存需要的奶粉、食物、衣服、尿布等逐渐泛化而代表了社会性的报酬，如认可和爱。爱的需要和生理上的需要一样重要。20世纪70年代就有研究发现，生长在缺乏爱抚情境下的儿童大多营养不良、厌食、发育不良并且睡眠不安。他们不愿意与人交流、生活态度消极、健康状况不好甚至于患病死亡。

当一个两岁的孩子独自在家中玩耍，突然听到隔壁传来装修用的电钻往墙上打孔的刺耳声音时，她马上跑到妈妈的身边、躲在妈妈的怀里。当孩子恐惧时，妈妈会增加她的安全感。不光是孩子，就是我们成年人在恐惧、焦虑或者觉得没有把握时，周围人的存在也会使我们有安全感。例如，平时陌生人在电梯里相遇，大家各自想着各自的事情，不大会去主动地和其他人交流。可一旦电梯出现了故障，在这种紧张的情况下，人们就会主动地向其他人说出自己的紧张和恐惧，并且大家一起想办法。

不仅在紧张的情况下，我们需要其他人来增加自身的安全感，就是在日常生活中，其他人所给予的情感支持和信息，也都是我们保持身体和心理健康的重要条件。婴儿睁着好奇的大眼睛观察着这个世界，成年人的一举一动传递到他们的大脑。凭借这些信息，他们也模仿成年人的样子拿勺子吃饭、用一只手端着杯子喝水、打开电灯、用遥控器打开电视和空调，还一只手拿起电话机的听筒，另一只手去拨号码，尽管有的孩子还不会清楚地讲话，可还是嘴对着听筒"啊啊"地叫。当他们能够用语言表达时，他们更是不断地向成年人问"为什么"。只要是不理解的，他们都要问。成年人也需要其他人不断地提供信息才能更好地生活。生病时我们去找医生，迷路了我们去问警察，遇到烦心事我们去向朋友倾诉。不仅如此，我们还会将获得的信息进行分析和评价，以确定哪些对我们来说更有意义。

有一位社会心理学家用一个极简单的例子来描述人我间的关系。在一片原始森林里，两个男人共同抬一根大树干，树干太重了，他们只能慢慢地往前移动着脚步。你不能说他们每个人抬着半根树干，因为那确实是一根完整的、未被锯成两半的树干。你也不能说在支撑整个树干向前移动的力量中每个人付出了一半的力量，因为事实上无法准确测量每个人付出多少力量。两个人在配合着完成一件独自一个人无法完成的事情。他们不仅是两个人，而且是必须彼此协调配合的"一对人"。这种配合就像身体肌肉系统的协调而产生某种动作一样。他们抬一根树干的原因有可能是用来生火避寒、烧烤食物或者修建一间供两人共同享受的小屋。在达到共同目标的过程中，一个人必须依赖另一个人。或者说，他们相互合作可以达到共同的目标，因为两个人的成就息息相关。

为什么说眼睛是心灵的窗户

世界万物中，人类是最复杂、最神秘的生命有机体。这种复杂性和神秘性，不仅表现在个体心理和行为的复杂多样，更表现在个体会有意识地掩盖其真实的内心世界。而人对自己的语言是可以随意控制的，"口是心非"并非难事，所以，语言也是人最常用的掩饰手段。其次，体姿、脸部表情和身体动作等，虽有较强的表情达意功能，但仍有一定的可控性。心理学的大量研究表明，身体语言中，人的眼睛是最难控制的，也最富表现力，人的情绪、态度等都可以在眼睛里表现出来。那么，眼睛究竟是如何来表情达意的呢？我们又如何通过眼睛来了解人的内心世界呢？

心理学家的研究证实，人的情绪变化首先会反映在不自觉的瞳孔的改变上。当人感到兴奋、愉快时，瞳孔就会不自觉地放大。一个人在见到亲朋好友或迷人的异性等喜欢的事物时，都会有瞳孔放大反应。如有人对打牌游戏进行过研究，结果发现，一旦抓到期望的好牌，瞳孔就明显放大。这种现象在对猫的动物研究中同样得到了证实。反过来，当感到不快或厌恶时，瞳孔则明显缩小。

很显然，在一个较近的距离内，可直接依据瞳孔的变化察知交往对象的情绪变化。但若距离稍远呢？也没关系，我们仍有办法。因为，瞳孔放大会时，一方面进光量随之增大，另一方面又伴随着眉眼的上扬，故而眼睛显得又大又亮。其中，尤以亮更为明显，所谓的"眼前一亮"就是因惊喜而瞳孔放大的结果。更有甚者，会达到"两眼放光"的程度，这并非虚指，而是极度惊喜的自然结果。反之，厌恶等负面情绪则导致双目暗淡无光和不同程度的皱眉、眯眼等。

可见，除了可直接观察瞳孔的变化外，还可根据眼神的光彩和大小来判定人的情绪状态。

在身体语言的沟通中，最重要的方式是目光接触。研究表明，双方交谈时，平均有 41% 的时间会注视对方。几乎所有的人际交往中，目光接触都传达着信息。如谈话尴尬时，目光接触会减少；当双方争辩或被对方质询时，如果某一方的眼睛总是回避对方的视线，则往往表示他的心虚或胆怯等。

日常生活经验也告诉我们，人际交往中若缺乏目光接触，那么，交往就难以愉快、顺利地进行。谁都不喜欢与一个戴着墨镜的人交流，原因就在于无法与对方进行正常的目光接触，也难以在交往中投入感情。因而，心理学家的忠告是：切莫戴着深色镜与人交往，否则，会遭到人家心理上的拒斥、不信任。只因你先把自己心灵的窗户给关掉了。

心理学家阿吉尔则提出，人们互相注视的时间占交往总时间的 30% 到 60%。如果互相注视的时间超过 60%，就表示彼此对对方的兴趣大于对方所说的话。这时，有两种可能性：一是友谊与吸引，如含情脉脉的凝眸相视；二是威胁与排斥，如准备争吵的两人怒目相向。

当然，除非是亲密关系，单方向的凝视时间不会过久。一般最长的凝视也不超过 5 秒，否则会让人觉得无礼、不怀好意，并使对方产生压抑、尴尬和反感等。

下面，再介绍一些关于目光接触的研究结论。

以目光接触次数的多少和每一次接触维持时间的长短为指标，可以预测交往双方的亲疏程度。接触的次数越多，维持的时间越长，则双方的关系越亲密，如恋人间总是喜欢互相凝视。单向注视的背后也是这样的含义，若有人常常单方面注视你，则意味着对你有较大的兴趣或较为欣赏、喜欢你。

避免或中断目光接触，通常是不感兴趣或心不在焉的意思。但也有例外，因为在害羞、害怕、愧疚、说谎和传达坏消息时，也通常有这样的表现，这可依据当时的情景加以判定。另外，小心、自卑、懦弱、内向的人，即使在与人面对面交谈时，也很少正视对方。

在注视他人的脸时，一旦对方回看，便将目光移开以避免目光接触，或者更用力地瞪，这种人大多阅历少、见识浅、缺乏信心、易受别人影响。

说话时，将目光集中在对方身上的人，表示渴望得到对方的理解和支持。

还有一个重要方面，就是视线移动的问题。假如我们的视线是先看在高处，然后再从上往下看对方，眼神会带有鄙视的味道。因为在这一过程中，眼睛由睁得较大、较开逐渐转为下垂的、近乎闭合的眯眼，眼神由明亮而至暗淡，自然让人产生不屑一顾的感觉。相反，若视线是自下而上的，则眼睛由下垂的眯眼逐渐睁大，这种眼神像是在仰视，对方会感觉到你对他的尊敬和兴趣。人们的这种感觉是有道理的，已为心理学的研究所证实。因为视线移动反映了一定的心理活动。

研究表明，自上而下或往下的视线表示内心的排斥、厌恶、怀疑和轻蔑，自下而上或往上的视线则表示内心的尊敬、兴趣、信任和接纳。如谈论感兴趣的话题，或与令人尊敬的老师、权威和领导等进行交往时，我们一般都会无意识地保持头往前倾、下巴内缩这样一种使视线往上的姿势。而当话题无味，或不喜欢对方时，我们大都是脑袋后仰、下巴外翘这样一种使视线往下的姿势。

在倾听时，一面点头，一面却不将视线集中在对方身上，表示对话题不感兴趣或心不在焉。

一旦被别人注视就将视线迅速移开的人，通常有较强的自卑感。视线活动频繁且很有规则的人，是在思考。

两个素不相识的同性，在发生目光接触时，感到优越的女性会先将视线移开。而男性则正好相反。

有学者经过研究发现，我国的成语中，涉及眉眼动作的竟有140多条，如"挤眉弄眼""眉开眼笑"等等。这也从一个侧面反映了眼睛极为丰富的表现力。

综上，我们有理由说，眼睛是心灵的窗户，是了解人真实内心世界的有效途径。

谈话的艺术

　　人们每天都在交谈，谈话的成功与否不仅取决于交谈的内容，而且与交谈的方法和方式有直接的关系。那么，在日常的直接交往中，在谈话方面我们应该注意哪些问题呢？

　　适当的称呼，可以使对方获得心理上的满足感。人际称呼的选择与运用是交往中的一个重要方面，它对于交往效果会产生一定的影响。在交往中对长辈的称呼要表示出尊敬。在中国的传统文化中，我们对于长辈的称呼不像西方人那样直呼其名。这就提醒我们在谈话中对于年长者的称呼要注意亲切与适当的原则。在有的家庭中，儿媳妇称呼婆婆时叫"喂"或和自己的孩子一样叫"奶奶"。这种称呼总是给人一种不情愿的感觉，会影响到婆媳之间的关系。有时在公交车上，有些中学生给提着大包小包40岁左右的妇女让座，却称呼对方为"老奶奶"。结果，本来是高尚的行为，却因为称呼不当可能会招致对方的不快。在对自己的同辈称呼时要注意亲切与友好，还要考虑彼此之间关系的亲疏。比如，对关系亲密的朋友可以直接称呼他的名字。对不太熟悉的人要用全称，以避免使对方觉得唐突或过分亲热而显得不自然。

　　亲切、友好、礼貌的问候有利于提高交往的心理效应。在日常交往中，年轻人应主动问候年长者，先生主动问候女士，下级主动问候上级。在问候时目光要注视对方，面带微笑，语调清晰、温和。注意不要显示出心不在焉的神情。问候的内容不要涉及对方的隐私或对方不愿意作答的问题。

　　诚恳的谈话态度有利于创造友好的气氛。不要不懂装懂、装作内行，或海阔天空、言之无物，给人留下华而不实的印象。也不要过于谦恭，使人觉得虚情假意或唯唯诺诺，给人不自信的感觉。

谈话时目光要正视对方，增进彼此的尊重。你是用耳朵在听，对方是通过观察你的眼睛来判断你是否在听。听他人讲话时不要东张西望、心不在焉，一会儿翻翻报纸、杂志，一会儿又搔头发、捏指甲、挖鼻孔、抓耳朵。这样既不文明也不雅观还显得不耐烦，容易造成对方的误解。还应注意不要低着头，不敢看对方，使人感到你缺乏自信或用眼睛瞥对方，显得不够真诚。也不要目光过于好奇，老是从头到脚地打量对方，让人感到不自在。

积极地倾听对方谈话，才能真正理解对方想要表达的含义，而不是你理解的意思。

我们不仅要听对方讲话的内容，还要"听"对方的情感；还可以通过提问来确保真正理解了对方的意思。不要一开始交谈就滔滔不绝，不给人说话的机会。也不要轻易打断对方的谈话，应该等他说完后再提问或表达自己的见解。如果确实有必要插话，要预先打招呼"对不起，我插一句话"或"对不起，我有一个问题"。

使用准确通俗的语言、恰当的语音语调来表达自己的思想感情。在与别人交谈时使用的语言要准确，不要拖泥带水、语无伦次。在非专业领域，尽量避免使用专业术语，以免使人觉得枯燥。在日常生活中，有些人喜欢在谈话中不时夹杂着外语单词，以显示自己的时尚，这会使人觉得你在炫耀，招致别人的反感。有些人一味模仿港台影视剧中人物的语音语调，又给人矫揉造作之感，使人觉得庸俗。

幽默的谈吐使人轻松愉快，能增添活跃的气氛。在与别人谈话时如果对方过分紧张，可以使用幽默的语言缓和紧张的谈话气氛。但说笑话要注意时间和场合，如果玩笑开过了头，就会伤了对方的自尊心，使双方关系紧张。

交谈结束时，简单发表自己的感想，表示以后还想相见的愿望，有利于保持良好的人际关系。比如，在和别人分手时我们可以说："通过和你的谈话，我明白了很多事情。你的建议很好，引起了我很多的思考，真要谢谢你。希望我们今后多保持联系。"

朋友，为了达到良好的交往效果，请重视交往艺术的心理效应，并在实践中锻炼和展示自己的谈话艺术吧。

如何留下好印象

当我们初次与人接触时，立刻就会在自己的头脑中形成一种印象。这种印象有可能是根据对方的高矮、胖瘦、老幼、男女、发型、服装、谈吐态度等形成的。尽管这种第一印象是非常不可靠的，可现实是，人们却不愿去修正自己的最初印象，而只是简单地按照以往的经验来认识事物。一旦你对一个人形成了第一印象，后来获得的有关对方的信息都会用来加强第一印象。对于不符合第一印象的信息，则会在心理上轻易地否定。似乎第一印象才是对方的一切。心理学家给了我们以下的建议来强化好的印象，以及将不好的印象转变为好的印象。

初次见面迟到，最好不要找理由辩解。初次约会就迟到，这是不礼貌的，很多人都为此感到不安和焦虑。可是如果一见到对方连问候都顾不上，就开始一股脑地进行辩解，这种做法也不妥当。因为对方已经等了你很长的时间，需要尽快和你谈事先约定的事情，对你的那些解释是不大会感兴趣的。如果你真的为自己的迟到感到抱歉，那就把辩解之词留在最后说。先诚心诚意地向对方道歉，并询问自己的迟到是否会影响到对方的计划。这样设身处地地为对方着想，才能使对方不计较你的过失。

初次见面时问一下"我能占用您多长时间？"是应有的礼仪，也是使初次见面成功的重要因素。从心理学的角度来看，你这样一问，对方一定可以体会得到你是以他的方便为出发点的。按照人本主义心理学家马斯洛的需要层次理论，每个人都有尊重的需要。这种尊重的需要，使得人们的内心深处都具有希望别人觉得自己非常重要的欲望。"重要"的人是不愿让别人浪费自己时间的。如果初次见面你就说"感谢您百忙之中为我抽出这么宝贵的时间"，对方就会感到一种满足感。即使你超过了约定的时间，对方也不会显露出不悦的神情。

交谈中反复使用对方的姓名，以便牢固地记住对方。在与别人初次交谈时，尽量少用"你""经理""先生""老师"等代词称呼对方。可以用以下的称呼和对方交谈："张经理祖籍哪里？""李先生在哪里高就？""赵先生的大作我在小学时就拜读过了。"这样，通过形状和声音双重编码容易记忆，而且给人以亲切感。除此之外，节假日再寄上张卡片，可以更牢固地记住对方。

在自我介绍时，使对方加深对自己名字的记忆。假如在自我介绍时如果只是简单地说"我姓李"，一般不会给对方留下很深刻的印象，因为全国姓李的人太多了。所以一定要加上一些相关的说明，比如："我姓李，这个姓在您的电话号码本上占的页数最多。"这样，对方一看到自己的电话号码本就会想到你。

赞美的艺术

美国心理学家威廉·詹姆士说："人类本性上期望被赞美、钦佩和尊重。"渴望被赞扬是人们内心的一种愿望。在人际交往中，学会顺应对方的心理来赞美对方，就能给人留下良好的印象。在日常生活中我们看到，有些售货员很会招揽顾客，有些推销员业绩很好。他们的共同特点就是善于察言观色，能迅速地看出顾客的需要和希望，然后顺应对方的心理不失时机地赞美对方。比如，有经验的售货员会建议身材较胖的顾客买小一号的衣服，身材较瘦小的买大一号的衣服。当顾客说"我恐怕穿不下"时，他们马上说："对不起，我真的没看出来你是穿这个尺寸的。"这样一来，顾客会高兴地想："我虽然常穿特大号的服装，可在别人的眼里我并没有显得太臃肿。"在赞美别人时我们还要注意以下的几个方面。

赞美时措辞要恰当。比如，一位经理赞美他的主管说："你的工作非常出色，有了你，我感到很放心。"这种赞美就很有分寸。但是如果这位经理说："你真了不起，我所有的下属中没有一个赶得上你的。"这种不适度的赞美就容易使对方产生骄傲自满的心理，或引起对方的难堪和反感。

赞美别人时，我们还可以借助第三者的口吻。大学毕业之后，久未谋面的老同学相见时说"你看起来还是那么年轻"，就不如说"你真漂亮，难怪我们班的同学都说你看上去还是那么年轻"更有说服力。因为我们总是觉得，"第三者"或"大家"的话是比较公正的。因此，以这种方式更能得到对方的好感。

具体的赞扬会让人觉得更加真诚。如果有人经常这样赞扬你"你这个发型真漂亮、你这件衣服不错、你写的字挺漂亮的"，你可能会觉得他是在敷衍你。但如果听到"你这个发型很适合你的年龄，显得特别有朝气；你这件衣服的款式很大方，穿上之后显得特别有气质；你写的字工整、有力，一定练了好多年了吧"这样的赞扬，你会觉得对方在注意你，他是真诚的。

将赞美用于鼓励，能帮助对方树立起自信心和自尊心。比如，一位老师对他的学生说："第一次写议论文能写得这样好，已经很不错了。"这种赞美式的鼓励能时刻鼓舞着学生前进。

如果你希望与别人建立良好的关系，那就注意看对方希望获得何种评价，然后顺应对方的心理来赞美他。因为人都是有所期待的，不管自己的现状如何，不管自己是否满足于现状，也不管是否有可以改变现状的条件，都会对未来拥有一份希望。

孤独为哪般

有一首歌曲这样唱道: "站在人海, 茫茫随波逐流; 我孤独寂寞的心有谁能够体会?"尽管身处繁华的都市, 走在熙熙攘攘的人群中, 但仍然有许多人会感到孤独和寂寞。比如, 因儿女们都各自忙自己的事情, 而独自待在家里整日与电视、宠物或过去的记忆为伴的老年人; 匆匆忙忙为生活奔走的青年人; 同床异梦的夫妇; 如同陌生人一样的父子; 冷眼旁观这个世界的离异家庭中的孩子; 在舞会的热烈气氛中坐在角落里的失恋者。

孤独是个人不满意自己的人际关系而产生的不满足与失落的感觉。在生活中没有人会永远不孤独和不寂寞。与上司意见不合、被朋友或同事误解而又无处倾诉会感到孤独; 自己一个人在家无人陪伴会感到孤独; 转学、搬家或换工作到了一个新的环境中会感到孤独; 失学、失业、失恋后缺少社会支持时也会觉得孤独。在这种情境下有些孤独和寂寞是难免的。

但有些人即使在热闹的场合中却长期体验到孤独和寂寞。孤独的人常常觉得事事都不顺心。他们常常这样来谈自己的感受: 什么事都要我单独做, 实在厌烦; 我没有知心朋友; 我觉得这个世界上没有一个人真正了解我; 我无法忍受这种单独的境遇; 无论痛苦还是快乐我都到网上对我的网友倾诉; 我总希望别人写信或打电话给我; 我常常期待着有人来看看我; 我不会交朋友; 我不知道如何与人交流联系; 我觉得非常郁闷; 我觉得被这个世界遗弃了。

孤独者结交的朋友有限, 而这些有限的朋友也不能令他们满意。不能与别人建立亲密的关系, 在他们需要物质与情感上的支持时, 如果得不到周围人的回应，就会感到孤独与寂寞。为什么孤独者不能与别人建立良好的关系呢？我们可以从以下几个方面来分析他们的心理特点。

1. 以自我为中心，沉默寡言。由于这类人寡言少语，在人群中常常将注意力指向自己的内心深处，不喜欢也不善于和别人交往。结果觉得看谁都不顺眼、不顺心、不习惯。他们会觉得别人太土气、太俗气、太无知、太丑陋、太狂妄或太自私。由于孤僻离群，不能与别人友好相处，不能表露自己的特点，也就不能获得别人的欣赏与尊重。

2. 个性悲观，不能体验别人的感受。孤独是一种消极的情绪状态，孤独者往往经历着不愉快的情绪体验。一个大学生曾经这样表露她孤独的心情："我是个孤独的人，每当看到同伴们无忧无虑地谈笑时，我就有一种说不出的滋味。是嫉妒，还是羡慕？我说不清楚，反正我就是乐不起来，生活、事业、爱情、未来在我眼里是灰蒙蒙的一片。"

3. 敏感多疑、自责、感情脆弱。孤独的人在与人交往时过分患得患失，因为害怕失败，在社会活动中多采取退缩与逃避的做法。他们常常担心和怀疑别人说的话、做的事是不是与自己有关，总担心别人议论自己或说自己的坏话。他们不愿意参加集体活动，害怕自己是不受欢迎的人；唯恐在活动中说错了话、做错了事，别人会笑话、瞧不起或非难自己。他们唯恐被人们所抛弃而处于孤独寂寞之中。

4. 紧张抑郁，缺乏社交技巧。由于孤独者不喜欢和别人谈话，不愿和别人交际，只喜欢一个人沉思默想，从而缺少与别人的情感沟通与信息交流。这种人际上的隔阂会加重他们的心理负担，使孤独感不时地"才下眉头，又上心头"。

孤独是由自身引起的，可以通过自己的努力来排解。首先要建立自信心。相信自己活在这个世界上是有价值的。可以把自己能够想得到的优点全部写在纸上，增强自信心。要知道世界上没有十全十美的人，即使有这样的人也不是天生的，而是自己努力的结果。只要你努力，你可以和别人做得一样好。你能够和别人建立良好的关系，也可以并且愿意为别人提供帮助。其次，要多参加集体和社会活动。只有多与别人交往，我们才能学习适应社会的能力，同时有机会让别人认识和了解你。还有要将目光从自身指向外部，听取并尊重别人的建议。体会到别人的感想与感受才能与别人和谐相处，建立良好的关系。最后，要注意培养自己坚韧的性格。在人生的漫漫旅途中，误解、失意、孤独、寂寞会不时地袭击我们。只有使自己变得坚韧、顽强，才不至于不能承受。

爱情的来向和去向

　　音乐、歌曲、诗歌、小说和人们的经历中都充满了对浪漫爱情的记载。一个人爱上了特定异性，必定有个起源。爱情是怎么产生的呢？ 1988 年美国耶鲁大学心理学家斯滕伯格提出爱情三因素论，受到人们的广泛关注。该理论认为爱情尽管复杂多变，但不外乎由三种成分构成：亲密、激情和承诺。

　　所谓的亲密是指与伴侣间心灵相近、互相契合、互相归属的感觉，属于爱情的情感成分；激情是强烈地渴望与伴侣结合，促使关系产生浪漫和外在吸引力的动机，也就是与"性"相关的动机驱力，属于爱情的动机成分；而承诺则包括短期和长期两个部分，短期的部分是指个体"决定"去爱一个人，长期的部分是指对两人间的亲密关系所作的永久性承诺，属于爱情的认知成分。

　　那么哪些人之间更有可能产生爱情，成为亲密伴侣呢？

　　对恋人的选择，首先要看对方的个人魅力。然而男女双方对恋爱对象的魅力理解不同。一个男性显得英俊潇洒、强壮有力被认为是有魅力的。一个女性显得温柔娴静、脉脉含情被认为是有魅力的。也就是说男性之美是阳刚之美，女性之美为阴柔之美。相貌在很大程度上决定一个人是否具有个人魅力，长相漂亮的人总是能够吸引异性羡慕的目光。相貌为什么有如此大的吸引力呢？

　　人们总是认为"美的东西就是好的"，与长相漂亮的人在一起令人赏心悦目，心情愉快。另外，与相貌美的人在一起，会增加自己的价值，受到别人好的评价。有人做过这样的研究，把一个男性与一个漂亮女性在一起的照片给一组大学生看。大学生们认为这位男性是自信、善良、幸福的。然后，把同一男性与一不漂亮女性在一起的照片给大学生们看时，大学生们对这位男子的评价为"显得懊悔与不幸福"。羽·泉的歌中也唱道："你在我心中是最美,每一个眼神都让我心醉;与你走在街上,人们都向我投来羡慕的目光。"

在容貌、肤色、民族、宗教信仰、社会地位、经济条件、智力、性格特点等方面相似的异性容易相互吸引。对于这一点,心理学家的解释为:人们几乎都有自恋的倾向,会从爱自己延伸到爱与自己相似的人。因此,我们看到在日常生活中许多容貌相似的人结为夫妻。别人总是说这样的夫妻有"夫妻相"。另外,相似的对方与自己有更多的一致性,大家在一些事物与观点上能够相互肯定与支持。这就满足了人们内心对尊重的需要。

随着亲密感的增强,当与自己喜欢的异性在一起时,会在心理上产生巨大的波澜,也就是我们所说的激情。这时双方都觉得离不开对方,同时也担心对方会离自己而去。因此,双方就想到了对爱情的承诺,比如订婚、登记、举行结婚仪式,对双方权利与义务的确定,既要求对方忠于自己,也承担忠于对方的义务。

爱情也像自然界中的其他事物一样,也会经历发展变化,是个有始有终的过程。爱情之树有时会勃勃生长,有时会枯萎灭亡。由初次相逢到彼此钟情,再结成恩爱的伴侣,相携到老,是人们对于爱情的美好愿望。有些人虽然一见钟情,但相处一段时间之后却发现人生信念不一致,也只好各奔东西。有些走在婚姻路上的情侣,因为很难维持"相看久不厌"的境界而分手。许多人情投意合,但意外的天灾人祸又使他们面临生离死别。恩爱夫妻们虽然希望白头到老,但仍然难以违背自然界中生老病死的规律。

网上诉衷肠

网上交友已成为不少现代人的一种重要的人际交往方式。一般不愿意向父母、亲戚、朋友说的话却愿意向电脑另一终端的陌生人倾诉。人们为什么不毫无保留地向别人自我坦白呢?

每个人都有意或无意地决定自身在不同场合、不同群体中的自我坦白程度,决定别人能对我们知道多少。一般地说,随着我们对一个人的接纳性和信任感越来越高,我们也会越来越多地暴露自我。社会心理学领域的大量研究表明,对于陌生人、熟人和亲密朋友,在自我暴露的广度和深度上是不同的。对于陌生人我们可能只是和他谈诸如兴趣爱好、饮食、日常情趣、消遣活动的选择等属于自我的浅层次的问题。对于熟悉的人我们谈话的内容就会涉及我们的态度了,比如对某人、某事、某种社会现象的看法和评价。我们只有向亲密的朋友才袒露关于自我的第三层次方面。这一层次包括了自我的人际关系与自我认知与评价,或者是自己的一些情绪困扰。还有就是属于自我的最深层次的问题,这是埋藏在我们内心深处的、隐私的问题。对于这些问题,比如曾经有过的投机取巧念头、与自己上司大吵一架的冲动、坐公交车而没有投硬币的经历等等,我们可能一辈子也不会对任何人暴露。

心理学家认为,自我坦白是一种健康和诚实的行为。人与人之间如果能够真诚地袒露心迹,可以促进个人的心理健康,也有利于良好人际关系的建立。但是,人与人之间是否应该毫无保留地坦白相处? 我们可以从一对恋人的信件中知道人们自我坦白时总是有所顾虑。这封信是这样写的: "当我濒临真正要了解你的境地时,我不自觉地内心有些恐惧。我似乎将要走进一个新的、未知的、可去而不复返，前途茫茫可怕、完全没有把握的世界。"一对恋人不能真正彼此坦白的原因是怕对方掌握自己的一切，包括自己的优点和缺点。尤其当对方知道了自己的缺点后，就相当于自己的把柄抓在了对方的手上。他们会利用这个把柄而互相攻击，从而给人们的心灵带来巨大的痛苦。既然如此，人们之间还是保持一定的距离，保持一种泛泛而交的关系，从而可以避免许多灵魂上的伤害。

人们不敢毫无保留地对别人坦白，是怕暴露了自己的缺点而受到别人的轻视、嫌弃，同时也不愿意吐露自己的真情和自己所承担的一些心理压力，从而增加对方的负担。因此，不能和同事、好朋友说的话，却可以和萍水相逢的人分享，可以对陌生的网友倾诉。因为，不用考虑对方是否接纳、会不会增加对方的心理负担、会不会引起对方的不快，或对方利用自己吐露的实情控制自己。

美国社会心理学家还应用现场实验法来考察，在什么情况下人们更愿意相互坦白。在一个候车室中，让一个学生去和一位候车旅客谈话，声称要做一次关于成年人吸烟状况的社会调查。旅客答应后，该学生先在纸上写几句自我介绍的话，写完后也请旅客写几句自我介绍的话。他先写几句简单的话，如："我是社会系的学生，今天在这里做调查，做完后，去快餐店吃顿饭就回学校了。"被调查者一般会写道："我是个工程师，我是做采购的。我要去上海。"学生再写得详细一些，如："我觉得基本上可以适应学校生活，学习成绩还可以，只是有些科目，比如社会统计学学得比较吃力。"这时，被调查的旅客也会写道："我有时工作中也会出差错，有时我也会对生活失去信心。"

在日常生活中，我们也会观察到，当我们向别人袒露心迹时，别人也更愿意向我们说一些真实的情况。心理学家泰洛这样解释这一行为：坦白的行动有利于提高对方的自尊心和亲近感，因而对方会有积极的反应。

性格类型与家庭危机

性格是一个人对现实所持有的稳定的态度及习惯化的行为方式。夫妻恩爱是一种情感的靠近和融合，性格因素对夫妻关系随时都会发生影响。大部分危害到婚姻的不幸，都起源于对婚姻生活中诸多小事疏忽的态度。夫妻之间的融洽与幸福是非常精致的结构，决不可以草率地处理。爱情就像是一株敏感的植物，默然会让它冷却，猜疑使它枯萎。那么，哪些性格类型会危害到婚姻呢？

猜疑的性格是既不相信自己也不相信对方，这会非常严重地影响婚姻质量。例如，在我们的心理咨询门诊中，有这样一个女士，她各方面的条件都很优越，也很爱自己的丈夫。但就是对丈夫不放心。所有打到她家中的电话，只要在场，她都要亲自接。如果对方是女性，便要让丈夫交代出对方的姓名、年龄、如何相识的、与之是什么关系、打电话到家中有什么事等。早晨上班时，尽管她与丈夫的工作单位一个在城南，一个在城北，但她执意要与丈夫同路，到了丈夫单位门口，她才放心地去上班。她每天晚上还要检查丈夫的手机、通讯录上的信息。当丈夫出差时，她便打电话到他的单位，问他的领导："他到哪里出差了，与谁一起去的，在那里要待多长时间？"如果有哪一次丈夫的回答不能令她满意，她就会使出自己的绝招"一哭二闹三上吊，吞铁钉割静脉洒汽油"。丈夫心理不堪重负，于是提出离婚。

挑剔性格的人往往过分挑剔伴侣的言行，并不厌其烦地唠叨与指责。伴侣总是处于不知所措的境地，当其感到忍无可忍时便会弃之而去。美国心理学家莱威士·特曼博士曾对1500多对夫妻做过调查。结果显示，丈夫们都把唠叨、挑剔列为太太们最糟糕的缺点。当然,一个爱唠叨的男性也会引起妻子的反感。

忧郁性格的人往往多愁善感,敏感而多疑。他(她)们常常眉头紧锁,用敏感的心灵去揣测别人的一言一行,并且经常能体会到别人语言后面的意义。在夫妻的日常生活中,如果他们的身体略有不适,就会想象出各种各样的疾病。从而引起自己内心的恐慌与不安,也给对方带来心理上的压力。如果生活中出现一些变故,如失业、财物丢失、收入减少、子女学习出现障碍等,忧郁性格的人会不断地抱怨。无休止的抱怨与整日紧锁的眉头会让伴侣觉得透不过气来,最后选择逃离婚姻的城堡。

追求完美性格的人,以自己心中的标准来要求人和事。这样的人在对事物做判断时,常常抱有一种决定化的倾向。一旦伴侣的言行的哪个方面不符合自己的要求,就会觉得不能忍受,对其产生不满情绪。这给伴侣造成很大的心理压力。

大包大揽型性格的人,事无巨细都一手包办。这种性格的人有些是对伴侣过分宠爱和迁就,有些是对别人所做的事都感到不满意、不称心。例如,有一位被周围朋友和同事称为女强人的女士,工作中一丝不苟,在家庭中更是眼里不揉沙子。每天早晨她都要亲自去菜市场买菜,因为她觉得丈夫买菜时不还价,也不知道挑挑拣拣,结果钱花了不少,却没吃到什么菜。回来后做早饭,因为想让丈夫多睡一会儿,每次都等饭做好并端到饭桌上后才叫醒他。拖地、擦洗这些家务活她也全包了,因为她觉得丈夫粗手笨脚的做不好。丈夫也乐得轻闲。长此以往,对方就养成了一种依赖的习惯。有时她工作忙到晚上 9 点钟才回到家,可看到丈夫还在等她烧饭,并且抱怨她太死板,工作效率低,回来太晚,害得他一直到现在还饿着肚子。这时夫妻间的冲突与摩擦就很难避免了。

有些人的性格特征是对父母的话言听计从。他们在心理上还不成熟,就像小孩子一样,一遇到困难首先想到的是父母。在对房子进行装修时,连地板和家具的颜色的选择都要听从父母的安排。当夫妻关系中出现问题时,更是首先向父母求助。夫妻间出现了问题,却不与伴侣进行沟通并设法解决,就失去了夫妻间最重要的诚信。这样做还会引起对方的反感，并且因外来干涉而加速了婚姻关系的解体。

还有些人是容易过分地情绪化。这种人外向、冲动。他们在生活中即使遇到一点小问题、小麻烦，也会作出激烈反应。因为人在过分激动时，往往言行会过于激烈，使对方觉得不能承受。即使事后，他们也感到懊悔，可往往已经给对方的心理造成伤害，使局面变得不可收拾。

"三个臭皮匠抵一个诸葛亮"与"三个和尚没水吃"

中国有句谚语叫做：一个臭皮匠遇事着了慌，两个臭皮匠遇事好商量，三个臭皮匠抵一个诸葛亮。这句话说的是别人在场或与别人一起活动所带来的工作效率的提高。中国还有这样一句谚语：一个和尚挑水吃，两个和尚抬水吃，三个和尚没水吃。谚语的寓意是人多反而难办事，就像西方人常说的"厨师太多毁了一锅汤"。那么究竟哪一句谚语更符合实际呢？对于心理学家而言，这两句话都有其正确的时候。

首先，心理学家发现许多人在一起，确实能够提高人们行为的效率。心理学中把这种现象叫做"社会助长作用"。社会心理学家曾经做过这样的一个实验：让被测试者在三种情况下骑自行车完成 25 英里的路程，计算每一种情况用的时间是多少。第一种情况是独自一个人骑，第二种情况是骑车时让一个人跑步跟随他，第三种情况是与其他骑车人竞赛。结果显示，单独骑车时，时速是每小时 24 英里；有人跑步伴随他时，速度明显地快了，时速达到每小时 31 英里；在与别人一同骑车时，由于竞争的情境并没有太大的变化，因而速度变化也不大，时速是每小时 32 英里。之后，科学社会心理学的创始人奥尔波特 20 世纪 20 年代在哈佛大学做了一系列有关社会助长作用的研究。他们发现社会助长作用确实广泛存在，不仅可以引起人行为效率在数量上的增加，而且在有些工作上还可以提高行为的质量。

为什么别人在场的情况下，人的效率会提高呢？

每个人都有希望成功的心理倾向，希望把自己的才能与潜力发挥出来。这种愿望越强烈，对个体的推动力也就越大。和别人在一起时，这种愿望表现为竞赛的心理，希望自己做得比其他人更好。正是这种动力激励着自己全力以赴。即使不是竞赛，只要两个人在场，一个人的行为效率也比单独情况下要好。原因是双方都不甘示弱，而只有一个人时，由于没有比较的对象，劲头就不会足。

与别人在一起时，人们自然也会想到别人是如何评价自己的。这种意识一旦产生，实质上也就产生了一种被评价的情境。在这种情况下，人们都期望得到积极的评价，如"好""不错""水平很高"。希望得到积极评价的意识被激发后，人们就会愿意尽力，将事情做好。

但有时候他人在场对个人发生干扰作用，使人的注意力不能集中。由于注意力分散，也使得活动成绩下降。尤其是活动的性质越复杂，他人的干扰作用越大。心理学家做了这样一次实验：让大学生在两种不同的情形下学习单字配对表。一种情况是单独一个人做，另一种情况是和其他人在一起做。首先让他们学习比较简单同义的单字配对，然后再学习非常复杂的相互之间没有任何联系的单字配对。结果发现，在学习简单的单字配对时，有其他人在场比没有其他人在场效果要好；但当学习难度较大的单字配对时，独自一个人的成绩好于其他人在场的成绩。研究者还发现，当有其他人在场观察时，人们的肌体会发生一些生理的变化，比如汗腺分泌多、肌肉高度紧张、血压升高、心跳加快，这些都会成为干扰的刺激，影响活动的效率。另外，这种干扰作用尤其容易发生在求胜心强的人身上，因为太注重别人对自己的评价，并且害怕失败，这种焦虑和紧张会使自己的注意力从所从事的活动中分离出来，对自己产生强烈的干扰作用。这种情况在考场上、运动场上经常看到。有些学生平时成绩不错，可一到正式考试就考不好；有些高水平的运动员，一到大型的比赛，就发挥不出应有的水平。这些都是因为看到许多对手在场，增加了焦虑情绪，影响了自己的成绩。

但是人们也注意到了这样一些情况，人数越多，群体活动的效率却越低，就像我们前面所说的谚语：三个和尚没水吃。社会心理学家通过研究发现，随着共同完成一件事情的人数增加，每个人所做的个人努力程度也会下降。我们把这种现象叫做"社会惰性作用"或"社会浪费"。有一个测量拔河比赛中每个人用力水平的实验验证了这一作用。研究结果发现，如果一个人独自参加实验，拉力可以达到63公斤；两个人一起拔河时，每个人的拉力下降到59公斤；三人参加时，人均拉力下降到53公斤；八人参加时，人均拉力仅剩下31公斤。在另一次实验中，心理学家召集了一些人，要他们每人大声喊叫，并记录其音量。然后将他们编组，分别为每组2人、4人、6人不等，也要他们大喊，并记录各人的音量。结果发现，虽然团体喊的总音量随着人数增加而增加，但个人的音量却随团体人数增加而降低。也许每个参加过合唱团的人都会有这样的体会。

心理学家通过研究已经证实，社会化出现是因为个人不必为他人对自己做出什么样的评价而担心。这使得个人在群体中的行为责任意识下降，行为也就缺少了动力。对这一领域最近的研究表明，如果让人们相信在一个群体中自己的行为效率可以被鉴别出来，或者是对个人的行为单独进行测量，就不会有社会惰性行为存在。当群体中成员之间的关系密切，工作具有挑战性，以整体成功为目标的奖励引导，群体有良好的团队精神与凝聚力或个人相信其他成员也像自己一样努力时，就会较少出现社会惰性行为。另外，一个人有无惰性还取决于该人的责任感和道德品质。

牛犊恋

"今年夏天，我认识了一个男孩，他 19 岁。他在重点大学里读书，妈妈请他来给我辅导功课。我觉得他长得很帅。每次他来，我都要精心打扮，我很希望他能喜欢我。我想如果我和他谈恋爱，我们的故事一定会像琼瑶小说一样美。有一段时期，我整天捧着琼瑶的小说，学着写'琼瑶情诗'，我写了无数的情诗、无数的相思，但没有给人看，也不愿给人看，最后全烧了。我常常因一件小事就几天不说话，我时而欢笑，时而沉默，时而热情，时而冷漠，我的脾气好像越来越怪，我经常感到孤独、寂寞、烦闷和失意，我从琼瑶的书中去寻求安慰，可是到哪里去找小说里的男主人公呢？我的心理是不是太复杂了？"

这是一个十六岁少女写给心理辅导老师的一封信。十六岁的女孩，正处于性意识发展的爱慕期。对某位年长异性超乎寻常的亲近感情，美国心理学家赫洛克将其称为"牛犊恋"。在向往年长异性的阶段，往往表现为从对方所不注意的远处，着迷地倾倒于所向往对象的一举一动，并将对象偶像化，对其有着强烈的精神依恋。这种情况并不只在十六岁之后才可能出现。早在十岁左右就有可能对异性产生"英雄崇拜"心理，进而发展为"牛犊恋"。

随着生理发育的进一步成熟，处于这一时期的少男少女强烈希望接触、了解和亲近异性。这种对异性的爱慕，往往是以情感吸引和希望与对方进行实际接触的形式表现出来。少男少女们对异性的爱慕和思恋大都会投放在现实生活中的某个异性身上。这种感情主要是精神上的需求。他们的感情一般都埋藏在自己的内心深处，局外人很难明了，甚至有时连当事人自己都说不清楚为什么自己会有这种念头。再就是这一时期交往的对象十分广泛，即可能是周围的同龄男性，也可能是生活中的年长男性，如著名的影视演员、歌唱演员、作家、诗人以及才气横溢或仪表超俗的教师等。对他们产生强烈的喜爱、向往、崇拜甚至迷恋的倾向。

在日本进行的一次对中学生的调查发现，有10%的男生和27%的女生曾对异性教师产生过恋爱情感。在学生接触最多的年长者中，除家庭成员外，便是教师。而一般说来，教师在德、才、识等许多方面发展较好，足以为学生所效法。因此，教师极容易成为青春期学生的爱恋对象。由于千百年来传统性别角色意识的影响，在女性身上至今还存在着较大的对男性的依赖。因此，在少女身上更容易产生向往年长于自己的男老师的"牛犊恋"。

那么该怎样来对待这种"牛犊恋"呢？

这种向往年长男性的"牛犊恋"，只是一种正常的异性吸引，而不是严格意义上的"恋爱"，因为"牛犊恋"中往往有那么多寻求父兄之爱或母爱的成分。由于与恋爱对象是现实中存在年龄、阅历、经验、角色等方面很大的差异，使得这种恋情往往是如痴如醉的"单相思"，大多不能发展为通常的恋爱关系。

一般来说向往年长男性的"牛犊恋"是不可能永无止境地延续下去的，随着时间的推延和性意识的日趋成熟，这种在爱慕期中发生的独特的幼稚"痴情"，绝大部分是会被逐渐摆脱和消除的。老师和家长不必为这种现象过分担心。如果把青少年这种正常的对异性爱慕都当成"早恋"来抓，会使他们产生强烈的逆反心理。但是，可以从思想上对他们加以引导。可以向他们讲一下"投射作用"，也就是以自己的想法去推测别人的想法。比如，一位年长的异性朋友在节日来临之际给你寄来一张贺卡，并没有什么特殊的含义。由于你内心一直爱着对方，卡片上几句平常的祝福话，在你读来仿佛也透露出浓浓的爱意。因此，与异性交往时千万不要自作多情，将异性对自己的关心和赞美当作对自己狭义的爱情。

老师和家长还要教少男少女们学会把爱埋藏在心里。比如，有的青少年的意中人已经结婚了，有的意中人是大洋彼岸的影视明星而不可能爱上自己。

对待这类恋情最好的办法就是将这份美好的感情封存在心底。爱对方就要替对方着想，而不要让对方与你一起陷入烦恼之中。

心理学家认为，青少年要摆脱"牛犊恋"，可以用一些"心理疗法"。比如，你明明知道自己的恋情毫无结果，可还是整日茶不思、饭不想，就不如用"升华"的方法，将自己最好的精力转移到工作或学习中去。在紧张忙碌的工作与学习中忘记痛苦，并且有所收获。

还可以用"情感释放法"，找亲朋好友聊一聊，使压抑的心情得以放松。如果找不到这样的人倾诉，可以向心理辅导老师或心理医生寻求帮助。相信他们可以帮助你摆脱这种困扰。

十七八岁之后，随着青年男女在生理和思维方面的基本成熟，对异性的爱慕和追求会更加专一，从而绽放真正意义上的爱情之花。

你的心理不平衡吗

你心理平衡吗？

每天晚上挑灯夜战，奋力拼搏，高考却名落孙山；每个礼拜都给女友送一束娇艳欲滴的玫瑰花，对于她提出的要求，就像接到了圣旨一样去执行，可有一天她突然给你发个短消息说："你们之间已经结束了"；洗衣、烧饭、打扫卫生、教育孩子、装修房子你一个人全包了，可丈夫却说你做的全是家庭琐事；工作很出色，领导对你非常欣赏，多次暗示你可能被提拔，可是，时隔不久，提拔了一个比你差的同事；为了买一套称心如意的住宅，你相中了两套房子，左挑右看，难以取舍，终于狠下心来，挑了其中一套，为此付出了前半生所有的积蓄，并且后半生也要为银行贷款而忙碌，结果发觉自己选中的房子有种种缺陷，懊丧不已；工作一直兢兢业业，突然间听到宣布自己下了岗；听信其他人说，某某股票会涨，于是重仓介入，结果被套牢；兴奋不已地买回一件新潮衣服，第二天一穿，朋友们都说"土，土得掉渣啦"，你听了之后恨不得立刻把衣服脱掉。

这种种的不平衡心理，心理学家称之为"认知失调"。按照认知失调论的解释，无论在任何时候，只要个人发现头脑中有两种观念不能协调一致时，就会感觉到心理冲突，因冲突而紧张不安。焦虑不安又会促使个人放弃或改变一种态度，而迁就另一种态度，从而消除内心的冲突，恢复调和一致的心态。

心理学中有一著名的实验，来验证一个人是如何因认知失调而改变了自己的态度的。实验是在大学男生中做的，每个人轮流进入实验室，做一件事前并不知情的单调乏味的事情——将盘中的 12 把汤匙一把一把拿出，然后再一把一把放回去，要做一个小时。结束后，研究者提出，因为想要寻找更多的大学生来做实验，因此要求他们对等在外面的人（实际是助理实验员）说"在里面做的事情非常有趣"。然后，给其中的一半大学生付 20 美元的报酬，另一半付 1 美元的报酬。但他们彼此之间并不知道报酬有差异。

到这个时候，大学生们在心理上产生了两种互相矛盾的态度，在认知上发生了失调。一方面他们知道在实验室里所做的事情是乏味的，另一方面因接受了报酬又不得不说是有趣的。接下来让他们坦白在实验室里所做的事情是否真的有趣。结果出乎意料，拿 20 美元报酬的人表示自己所做的事情一点兴趣都没有，自己告诉别人的话是假的。接受 1 美元报酬的人仍然表示是有趣的，继续维持他们出门后告诉别人时的态度。

实验结果揭示出，拿 1 美元的人仍然坚持以前的说法，是因为他们觉得仅仅为这一点小钱而撒谎，很不值得，于是就改变自己的真实态度而迁就对别人说的假话，从而维持自己在别人面前态度一致的形象。拿 20 美元报酬的人，最后说出了自己的真实想法，是因为如果改变自己的态度仍然坚持说是有趣的，那就显示出自己是受了金钱的影响而没了主见。

人在许多社交场合，是因为要维持自己的尊严才改变了态度，而且为了保持内心态度的一致性，又常常为自己的行为做出辩解。从而将自己的行为合理化，以求心理的平衡。

例如，一个男青年交了两个女朋友，阿芳和阿玲各具独特的魅力。阿芳温柔体贴，与她在一起时觉得安心；阿玲活泼开朗，与她在一起时觉得开心。因此他左右为难，无法做出选择。但是假如他真的最终选择了阿玲，阿芳在他心目中的地位就立刻一落千丈。他会想起阿芳的种种缺点，并对别人说，幸好他选择了阿玲，因为人生就是追求快乐，如果整日和闷闷不乐的阿芳在一起，会很烦闷的。

中国有句俗话"人生不如意十之八九"，我们在生活中总会遇到这样那样的困难和矛盾，磕磕碰碰是家常便饭。更何况当今的中国社会正处于激烈变革的时期，传统的社会格局正在逐渐被打破，新的社会结构、社会关系逐渐形成，一些旧矛盾尚未彻底解决，一些新矛盾就已产生。观念冲撞、风俗嬗变，凡此种种反映到我们心里，不平衡随之产生。当我们对改变现实无能为力时，那就试着改变自己的态度去面对现实吧。比如，将生活中遭遇到的困难看作是对自己意志力的锻炼。这也是维护平衡心态，健康心理的一条重要途径。

角色扮演法的妙用

"角色"一般是指戏剧中演员依据剧本所扮演的特定人物。在现实的舞台上，人们根据自己所处环境的差异，也在扮演着符合自己的角色。并且当你具有某种身份或处于某一社会地位时，人们便希望你表现出相应的规范性行为，即应该做什么，不应该做什么，以及怎样做。例如，人们对护士的角色期待是照顾病人要热情、细致、周到、耐心；对营业员的角色期待是对顾客要态度和蔼、不厌其烦。

"角色扮演法"是让一个人有意识地"假扮"某种角色，让其在一种特定的或创设的情境中扮演这一角色，使其认清该角色的理想模式，了解周围人对该角色的期望和自己处于这一角色时应尽的义务，从而有助于他控制或改变自己的态度和行为。

"角色扮演法"可以帮助人们改变态度，戒除不良习惯。心理学家曾经做过利用"角色扮演法"，减少抽烟量的实验。十四个抽烟的妇女同意在实验中扮演病人的角色。装扮成医生的实验者在一间似乎是医生办公室的地方分别接待了每一个人。"医生"告诉她说，假设的 x 光检查表明她患有肺癌，应该立即进行手术。她可以像真正的"病人"那样提问一些问题，然后"医生"回答。她知道了手术将是痛苦的，也存在不成功的危险，并且手术后要经过很长时间才能恢复。参加角色扮演的妇女比没有参加的人在对抽烟的态度和行为上都表现出明显的变化。实验者发现，这些妇女由实验前的平均每人每天吸 23 只烟，两周之后变为每天吸 13 只，半年之后减少为每天吸 10 只。而仅仅听到吸烟有害健康的信息而并未参加角色扮演的人，每日的平均吸烟量由最初的 23 只，半年后仅减少为 18 只。这一差异从统计的角度讲，是具有显著性的。

　　"角色扮演法"可以帮助人们改变不良的性格，提高社会适应能力。有一位年轻的演员，基本功很扎实，演技也很高超，可就是一见到陌生人就害羞。因此，在台下练得纯熟了，可一到台上看到观众就紧张。于是他学习运用角色扮演的方法，来改变自己拘谨的性格。每次他同生人讲话时，就让自己扮演成一个重要人物，然后用与这个人物身份一致的自信的语气与生人交谈。这种方法最终使他找到自信的感觉。还有一位深受同学们喜欢和爱戴的老师每当学校领导来听课时，就犯口吃的毛病。心理医生建议他说："你试着扮演成一个你心目中有威严感的重要人物，每当学校领导来听课时，你就设想你已经不是你了，而是那个重要人物，并以那个人的名义，声音洪亮而自信地大声讲话。"果然，这种方法非常有效。现在无论什么样的人来听课，他都能做到泰然自若了。

　　"角色扮演法"可以直接帮助人们改善人际关系。一位妻子求助于心理学家说，她很难与丈夫交流思想，她对丈夫的许多坏的生活习惯越来越难以忍受。因此，她经常唠叨，结果引起了丈夫的反感，不愿与她交谈。心理学家提出用角色扮演法来矫正这对夫妻的关系。他让这位妻子从第二天开始，装扮成一个对丈夫完全不了解的人，对他的生活习惯不要理睬，但每天要从他身上找到一个优点，并向对待一般人那样赞扬。角色扮演的第一天，这位妻子觉得很难从丈夫身上找到优点，但她为了完成角色赋予她的任务，终于还是找到了一个夸奖丈夫的机会。在以后的几天里，情况与第一天差不多。但是，三个星期之后，这位妇女发现找到丈夫身上的优点并给予积极的评价不是一件困难的事情了。丈夫在她心目中的形象变了，她对丈夫的态度发生了根本性的转变。她开始由衷地接纳丈夫了，而不再整日对他唠叨个没完。丈夫也感到了妻子的变化，面对妻子的诚意，他表示自己的确有坏习惯，但愿意改掉。于是这对夫妻之间的关系重新融洽了。

　　"角色扮演法"在教育中也有重要的价值。父母在教育子女时，可以让他们多担当一些重要的、受尊重的、有责任的角色，利用角色的期望来培养他们优秀的品质。老师可以让表现不够好或学习成绩理想的学生来担任劳动委员、纪律委员、学习委员、课代表等，使他们的行为遵照这些角色的要求。

我们在日常生活中也可以根据自己的实际情况，给自己设定一个角色，让它来帮助自己提高自信、改变性格、获得体验并改善人际关系。

流言爱"粘"谁

琳琳大学毕业后在一家大型企业任职，她头脑灵活，做事特别努力，深得同事们的喜爱。市场部经理张先生是一个注重工作业绩的人，没过多久，他就发现琳琳出色的工作，于是将琳琳调到销售部门，并独立主持一个区域的工作。她在这一工作中显示出出色的组织、协调能力和管理才能，使得这一区域的销售业绩遥遥领先于其他区域。张经理更加赏识她，遇到销售方面难处理的事情，总要征求她的意见。渐渐地，办公室就传出了他们俩关系暧昧的流言。琳琳知道后，大吃一惊，半天说不出话来。后来就是愤怒和抑郁，并且在工作中常常分心。她有意和张经理疏远，但流言还是愈传愈烈。万般无奈，琳琳提出了换一个部门的申请。结果，她被换到了公司的售后服务部。可能是因为售后服务部所需要的耐心细致和琳琳的性格相去甚远，刚调到新岗位不久，她就与客户发生了争执。原本，这只是一个工作中的失误，但是，新的流言马上又传开了。有人说："琳琳以前在销售部的业绩，都不是自己做出来的，而是张经理帮的忙。琳琳根本就不能胜任销售部的工作！"最后，这样的流言竟影响到了售后服务部经理，他做出了让琳琳停职的决定。琳琳有口难辩，而又急火攻心。此后，她不管遇见谁，都要为自己辩解一番，想通过解释，还自己一个清白。可是，谁也帮不了她。她的情绪日渐低落，最后走到了辞职这一步。

"流言"是提不出任何确切依据，而在人群中传播的一种特定的消息。古人说："流言，无根之言，如水之流自彼而至此。"可见，流言是一种无根据的虚假消息。那么，种种的虚假消息是如何传播开来的呢？流言总是发生在和人们生活有重大关系的问题上。人们在不了解真实信息的情况下，流言容易传播。比如，对 SARS 病毒的发病原因，由于还没有科学依据的证明，所以，关于发病原因的种种流言不胫而走。在社会处于危机状态下，如战争、瘟疫、地震发生时，人们的心理处于紧张与恐怖状态，流言也容易传播。

关于个人的流言，往往是针对社会中处于比较重要地位的人，或者是突然得以升迁的人。比如，我们上面所看到的案例中的琳琳，因为在工作中升迁得太快，遭到一些人的嫉妒。为了寻求心理上的平衡，他们就编造出流言，来显示琳琳也有缺点，以此来获得一种安全感。从心理方面来讲，流言的形成，主要是人们在认识上的偏差造成的。人们在平时观察及与他人交往的过程中，有时会凭自己的经验来理解信息，再加上自己的愿望、恐惧等，就对信息进行了歪曲。还有些流言是人们根据事实的因果关系做出的主观猜测。人们总是认为，事物的发生总有个前因后果，于是简单地将并非因果关系的事物联系在一起，并加以合理化。像琳琳调到另一部门后，由于性格的原因工作成绩不理想，可有些人却理解为她本来就没有能力，只不过是因为以前经理的帮忙，才在先前的岗位上有所成就的。

流言的传播对群体和个人都有消极的影响。尤其是关于社会安定的流言被传播开来后，往往会引起人们的恐慌，导致社会秩序的混乱。流言对于个人的心理和行为会发生直接的刺激作用。比如，案例中的琳琳觉得愤怒、压抑、紧张和焦虑，以至于后来产生了逃避的心理。我们应该以怎样的心理去面对针对自己的流言呢？

当听到有关自己的流言蜚语时，一定会产生一系列强烈的情绪反应，打破了原来的心理平衡，因此要尽量避免在此时马上采取行动。你应该等心里的风暴过去以后，再作下一步打算。面对流言蜚语的传播者，如果你一时说不清真相，不妨先回避一下。不加理会的流言蜚语，很快就会平息。

在流言面前暴跳如雷、大吵大闹无助于问题的解决。可以向自己的好朋友、家人或心理医生倾诉，取得他们对自己在情感方面的支持。也可以采取转移注意力的方法，如听音乐、看滑稽戏、看电影、郊游、画画等。通过这些活动，能使心理平衡得到恢复。不要到处向别人表明自己是"清白无辜"的，这样做等于自己在扩散自己的流言蜚语。

　　一般说来，当你提升到某一重要位置时，当你一夜之间成为名流时，当你触犯了某些人的根本利益时，你都可能成为流言蜚语攻击的"靶子"。对此，既要思想上有准备，沉着应付从暗处飘出的流言蜚语，又要格外谨慎，搞好人际关系。

我爱热闹，也爱冷静
——谈拥挤感

　　朱自清先生在他的散文《荷塘月色》中写道："我爱热闹，也爱冷静，爱群居，也爱独处。"你是否也有同感呢？当独自在房间里待得久了，就想还是出去找几个朋友热闹一下吧。可有些时候，却觉得人多太拥挤了。当站在连自己的脚移动的地方都没有的地铁里时；当节假日在街上购物，人多得你寸步难行时；当走进医院排队挂号、排队候诊时；当车辆被堵在路上 2 个小时；当正午 12 点在食堂排队吃饭时；当想休息一会儿，可同宿舍的几个人却在高谈阔论时……你是否感觉到了拥挤？

　　拥挤对人的心理会产生什么样的影响呢？

　　心理学家关于拥挤对心理与行为影响的研究首先是在老鼠和其他动物身上进行的。1962 年卡尔霍恩把老鼠和白唇鹿等一些哺乳动物安置在拥挤程度不同的圈栏里。研究结果发现，处于数量最稠密圈栏里的动物表现出大量的敌意行为和诸如筑巢之类的退化行为。雌性和幼小的动物死亡率较高并且还会患一些危及生命的严重疾病。研究人员发现，生活在拥挤笼子里的老鼠会剧烈打斗、互相残食，而逐渐失去了生育能力；白唇鹿竟然患肾上腺症而死亡。对动物的研究结果使得心理学家关注拥挤对于人类的影响。

　　首先，要将人口密度与拥挤区分开来，尽管有时使用起来好像是相同的，但实际上它们并不相同。密度是一个物理概念，指的是在一定空间里人的数量；而拥挤是一个心理概念，它取决于个人的知觉与经验。人数的增加是产生拥挤感的重要原因，但并不是说，人数多了，人们就会觉得拥挤，只有个人觉察到拥挤才产生拥挤感。在有些情况下，人数多了反而会使人产生愉快的感觉，甚至是人们所希望的。比如，在足球场和电影院里的人群会给人们观看演出增添许多乐趣。试想谁希望到一个空荡荡的足球场、电影院或者人数很少的地方去聚会呢？到一个著名景点去旅游，看到身旁人流如织，更加激起了自己的游览兴趣。还有许多人向往人口众多的大城市生活，因为大城市有较多的就业机会，较多地与他人接触的机会，较多的娱乐机会以及丰富的精神文化生活。

关于拥挤带给人们的消极影响，有一些研究表明，拥挤可能会导致死亡率的增加。根据美国媒体的报道，美国牢狱的人口密度急剧增加而形成许多严重的问题。有许多囚犯联名上诉，他们抗议居住的地方过分拥挤，以至于犯人受到虐待以及不堪忍受的惩罚。有分析人士指出，过分拥挤可能是 1981 年牢狱叛乱的主要原因。英国的调查报告也指出，在人口密度高的监狱里的犯人，由于时刻面对受到干扰的局面，他们一般都抱怨血压高、疼痛和精神压力大等。而且从英国过分拥挤的监狱释放的犯人，再次犯罪率也特别高。人们还发现，拥挤可能会导致人与人之间关系的冷漠，抑制帮助行为。比如，面对一个倒在路边的醉汉，住在拥挤的大城市的居民和住在人口稀少的乡村的居民相比，表现出更多的冷漠。另外从 65 个国家人口普查的资料看人口密度越高，犯罪率也越高。

关于拥挤感对心理与行为问题的影响，心理学家通过对大学生宿舍的走廊问题进行研究，得出了一些结论。大学生的宿舍经常有长而宽的内走廊，可供几十人使用。由于个人一走出房门就会遇到可能使自己不愉快的事情，有些不得已的人际交往也使人产生厌烦的感觉。有一心理学家用数十年的时间观察大学生宿舍的生活发现，在这种宿舍中的学生比在成套房间的宿舍中的学生有更大的压力，他们感觉到太拥挤。在实验的情境下，这些学生表现为不爱参加实验者给他们安排的游戏，对一些新鲜事物也缺乏应有的兴趣。不仅如此，他们这种懒散、厌恶的情绪也对他们生活中其他方面产生了负面影响。研究者发现，生活在这种环境中的时间越长，他们越较多地采取退缩行为，不愿与人交流，也容易将自己所承受的压力归因于环境因素。他们觉得一切事物都在自己能力所控的范围之外，只好听天由命，在面对挫折时，他们更多地表现出沮丧和无助。

针对这一结果，有心理学家提出拥挤是刺激的一个来源，当拥挤程度较大，对人的刺激量也较大，个人会体验到超负荷。每个人对刺激的负荷量是不同的，每个人都有自己的适宜刺激水平。如果，刺激超过了适宜刺激水平，人就会感到紧张、不安、注意力不集中及正常的工作受到干扰。这时，人体自身的防御机制就会隔断某些外来刺激，只注重最重要的信息。这样，我们就可以解释为什么大城市的人比较冷漠了。因为大城市的人每天走出家门都要遇到成千上万的人，为了防止心理超负荷，就要与他人仅仅保持表面的和短暂的联系，而不愿牵涉进没有特殊意义的个人关系中去。如果不是有非常重要的事要办，人们是不会经常凑到一起的。

对实验中得出的结论，还有心理学家解释为拥挤对人的心理和行为产生负面的影响，是因为人感到对时间和空间失去了控制，出现紧张和无助。这种感觉又使人退缩和放弃努力。对于长走廊的不良效应，心理学家指出可以通过一些方法得以改善。比如，请外面的朋友到自己的宿舍来聊天，或者找自己的好朋友倾诉。另外，还可以向学校请示，将长走廊划分为两段，也可以在一定程度上减轻拥挤感。

流行的心理因素

"今年流行什么？现在流行什么？"进入 21 世纪后，流行之风刮得越来越迅猛、越来越疯狂。今天流行这个，明天流行那个，稍不留神就会成为人们眼中的"老土"。人们为什么会去追逐流行呢？

心理学家认为，流行属于一种群众性的社会心理现象，指的是社会上许多人都去追求某种生活与行为方式，使得这种方式在较短的时间内到处可以见到，也就是所谓的"一窝蜂"现象。流行不仅体现在人们的衣食住行方面，也体现在文化娱乐、语言等精神方面。

新奇性是所有流行事物的最显著特征，也满足了人们的基本欲望——从自己的周围环境中寻找新鲜刺激，来满足自己的好奇心。人们如果长期处于缺少变化的社会环境中，会逐渐感到厌倦。而流行的新奇与短暂性恰好满足了人们追求变化的心理。拥有一头青丝一向被认为是具有传统与典雅之美，可当"韩流"紧逼，染发盛行时，许多人还是眼前一亮，于是义无反顾地将青丝染成"七彩头"。今年夏天，"头发乱乱"也不再与不整齐画等号。有人说，乱发仿佛被风吹乱、轻盈微飞，形成了令人瞩目的秀中秀。还听说今年衣服流行短短短，鞋子流行尖尖尖，当然头发流行乱乱乱。于是我们就看到街上的酷哥靓妹争先恐后地做着"流行秀"。

流行迅速地扩展与蔓延后，往往又在短时间内消失。因为随着社会的发展，人们又有了新的需要。比如，新中国成立前不准自由恋爱，两性用语自然也流行不起来。到了六七十年代，革命的热情持续不退，谈朋友被称之为"搞对象"，跟"搞革命""搞事业"具有同样的严肃性和崇高性。80 年代开始流行"轧马路"的说法，可见人们越来越注重花前月下的浪漫诗情。90年代的新鲜词叫"拍拖"，言下有松松垮垮、漫不经心的逍遥劲儿。进入21世纪，"放电""一夜情"又反映出浪漫色彩。人们在介绍自己的配偶时，普通百姓称作"家里的""当家的""男人""女人""内人"等。近代以来，在城市里较有文化的人群中，妻子常称自己的丈夫为"先生"，丈夫则将妻子介绍为"太太"。新中国成立以后，"爱人"成为夫妇间彼此介绍时最常用的称呼。改革开放以后，年轻人嫌"爱人"一词俗气，于是"先生""太太""夫人"又在相当大的圈子里流行起来。但称"先生"较为文气，于是港台影视剧中常见的称谓"老公""老婆"，又渐渐流行。

流行的变化还有周期性，比如"同志"一词，辛亥、五四以后，国共两党党内均用此称呼。从五六十年代开始，渐渐成为人们之间最常用、最无区别的称呼。到了改革开放年代，"同志"不再成为普通百姓之间唯一的称呼，"先生""女士""男士""小姐"，渐渐作为贵称、雅称被重新启用。而布襟衫、红肚兜这些已经落上厚厚尘埃的衣服，怎么也没有想到自己还有大行其道的一天。美国学者研究时装的变迁后发现，每5到20年出现一个大循环。

人们追逐流行另外一种心理是从众和模仿。人们大多希望别人能够接受和认同自己，而要取得别人的认同，最简单的办法就是模仿社会上流行的东西。人们在模仿流行事物时，心理上会有一种安全感：既然这么多人这样做，我也这样做，自己与他们一样，也不会错。比如，一位女大学生看到街上时髦女孩的衣服流行"短短短"，于是自己也穿了一条超短裙。可是，令她没有想到的是，仅过了一个星期，校园里到处可见这种超短裙。不仅是服装，大学校园里出现的高消费流行，也是一种从众心理。日前在南京某高校里流传着这样的顺口溜"一月五百贫困户，千儿八百刚够住，两三千元是扮酷，四千五千真大户！"以及"电脑、手机、女朋友一样都不能少"。

在学生中，"从众效应"体现得非常明显，当一部分学生，尤其是在学生中有很大号召力的学生，都做同一件事或处于某种状态时，就会产生一种群体压力，其他学生会受这种压力迫使，模仿他们，否则，就会感到自己被排斥于群体之外，产生不协调感。其实，消费高与低，本身都无可厚非，关键是处于群体中的个人，要调整好心理状态，以免受群体压力的左右。

还有些人追求流行是为了自我防御或自我炫耀。比如，有些贫苦大学生，利用贷款买手机，穿名牌衣服，就有一种怕被别人看不起，而通过追求流行来达到自我防御的目的。有些学习成绩不好的学生喜欢用新奇的流行语，以求消除自己的劣等感。还有些人追求流行是为了"标新立异"，向别人显示自己的地位与个性。有些女大学生常常在宿舍比男朋友，今天这位女孩的男朋友送她一套名贵化妆品，明天那位女孩就会炫耀男友送的白金戒指，而且这样的攀比"档次"越来越高，甚至还有男生一咬牙贷款买了钻石项链作礼物。有教育专家指出，同学之间互相攀比，追求流行，是造成大学校园里流行高消费的罪魁祸首。自尊心强的大学生，受不了"己不如人"的感觉，他们会自觉不自觉地紧追潮流，并逐渐把消费抬得更高。这样，有些家境不佳的学生，既不忍心向父母伸手，又没有能力赚外快，就会产生强烈的自卑感。有的大学生就发出这样的感慨："穷人的浪漫是辛酸。"

情商自测

"情商"又称"情绪智商",指个人对自己情绪的把握和控制,对他人情绪的揣摩和驾驭,以及面对人生的乐观程度和面临挫折的承受能力。它被用来说明一个人除智商外的更重要的成功因素,反映个体的社会适应性。国外心理学家依据神经科学和情绪心理的最新研究成果提出,智商只决定人生20%,而情商主宰人生80%。美国《时代周刊》宣称:"情商在很大程度上决定了一个人、一个国家和一个企业的命运。"可见情商在人生中占有举足轻重的地位。

情商高的人是能够正确认识自身情绪的人。人有多少种不同的情绪反应呢?各种反应之间有什么关系?一些相似的情绪有什么异同呢?爱一个人和喜欢一个人有什么分别?羡慕和嫉妒有什么不同?在哪种环境中,人会感到羞愧?在哪种情况下,人会感到内疚?在什么情况下,爱一个人会变为憎恨一个人?情绪智商高的人,一般都能弄通这些问题,并懂得在生活中运用有关知识。

情绪和情感是人对客观事物是否满足自身需要而产生的态度体验。情绪不是自发的,而是由刺激引起的。风声、雨声、读书声、哭声、笑声、歌唱声会使人产生不同的情绪体验。和煦的阳光使人心旷神怡,拥挤的公交车使人烦躁不安,欠款通知单使人紧张焦虑。但面对同样的刺激,不同的人可能会有不同的情绪反应。比如,同样是踢足球时脚受伤了,有的学生会懊悔不已,有的痛哭流涕,还有的人会暗自高兴,这样就可以在家休息几天,不用一大早就到学校读书了。人在舒畅的心情下,就会以愉快的情绪看待周围的事物,甚至觉得花草树木都惹人怜爱；而在心情不好的时候，会用消极的情绪看待事物，觉得做什么事都提不起精神来。积极愉快的心情能使人增强克服困难的信心；消极、悲观的心情则使人意志消沉，降低人的工作效率，有碍人的健康。这种积极或消极的心情可以持续几小时、几周、几个月甚至更长的时间。

情商高的人能够妥善管理自己的情绪。人人都有情绪，情绪如果随着境遇作相应的波动，是正常又合乎人性的。若情绪太极端化，当事人不能掌握调节情绪的方式，这个人便很容易被情绪困扰，不但不能成功，连正常活动也可能受影响。比如，愤怒在某种情况下是一种自然的反应。如果你是一个容易愤怒，却不善于控制的人，可以用记日记的方法，记下每天发怒的情况。这样你就可以认识到是什么事情使你发怒，了解处理愤怒的合适方法，并逐渐学会疏导自己的愤怒。如果你容易愤怒，却单纯压抑，而不敢或不会表达，时间长了就可能引起高血压、胃溃疡、头痛等生理性疾病或神经官能症、抑郁、精神分裂等心理疾病。并且有损人的自尊心，给自己以消极的暗示。因此，要适当地表达自己的愤怒。在表达愤怒时要注意，愤怒的言论指向行为，而不指向个人，更不要涉及他人的种族、宗教、社会地位等；指向引起你愤怒的事情，而不指向以前的事情；要知道当你向别人发火时，对方也有回敬的权利；让对方明确知道你为什么生气；不要将事情做绝，给对方留一条后路。

情商高的人在面对挫折时，能够自我激励，并以乐观的态度面对。人生不如意事十之八九。在失意时要向积极的方面思考，在冲动时会沉着忍耐，有效分辨眼前享乐与长远成就，才能令人保持高度热忱，推动自己向成功迈进。有一个故事讲述的是夫妻在遭到挫折之后以幽默、乐观的方式相互鼓励：夫妻俩结束了一周的旅游，开车回到家中时，已是三更半夜，两人都筋疲力尽了，于是倒头大睡。第二天醒来，车库里的车子却丢了。不仅车子不见了，而且更叫人心痛的是车上还有丈夫辛苦拍的数十卷胶卷、妻子买的各种纪念品。妻子自责不已，丈夫忽然心生幽默，说："等等，让我们理性地分析这件事吧！我们可以因为丢了车子而悲伤，也可因为丢了车子而快乐。无论如何，车子是丢了，聪明的你，该选择悲伤还是快乐？"妻子转忧为喜。

情商高的人善于认识他人的情绪，也就是心理学上所讲的移情能力。能够建立体贴别人的同理心，能从不同参与者的角度看事物及设计行为方式，人的目光必定会更深入，更远大，也更容易找到合作的伙伴。有些人在社交场合中具有非常强的移情能力。他们非常善于把自己放在他人的位置，并能设想到他人是某种特定情境下的行动。但也有的人移情能力较差，他们常常从自己的体验来与别人交往。他们很少能理解他人，同别人也缺少共同语言。请自己测量一下，你具有以下的移情能力吗？

1. 积极倾听别人讲话，不要匆忙下结论；在下结论前，多多思考。

2. 留意观察街上的行人、饭店里用餐的人、火车和汽车上的旅客，根据他们的表情来感觉他们的心理情绪状态。

3. 在与他人交往时，不是仅凭相貌、面部表情、走路姿势或握手方式来判断他人。

4. 当电视里播放故事片的时候，关闭音量开关，试着猜测人物对话的主题。

5. 经常问自己，为什么在那种情况下，我会有这种反应，而没有那种反应。

6. 自己不喜欢一个人，但还是能公正地对待他。

7. 时刻提醒自己：每个人都有一定的心境，而这种心境一定会影响他的行为。

毫无疑问，一些人比另一些人在生活中更具才能；一些人似乎天生就被赋予了优越的智力、专门的能力、非常好的身体素质和体能、细心的家庭照顾、很强的社会关系以及无限制的资源；另外一些人又严重地缺乏这些。但是，有些有这些辉煌优势的人却并没有发挥出他们特别明显的才能，并且他们远远未达到他们的潜力，这是为什么呢？相反，有些仅拥有很少一部分资源和机会的人，从他们生存的环境中脱颖而出，超过了人们以为他们所能达到的成功境界。

所有这一切说明，高智商并不足以使人成功，所谓"天赋"绝不是有关成功的根本问题。并且，一个无可辩驳的事实是，许多有很高智商的人为社会做出的贡献却远远少于智商平平的人，这是为什么呢？我们用美国心理学家霍华·加德纳的话来回答吧："一个人最后在社会上占据什么位置，绝大部分取决于非智力因素——情商。"

趣说效应

距离产生美
——空间效应

"不识庐山真面目，只缘身在此山中。"庐山乃人间胜境，看不出它的妙处，是因为身在山中之故，没有距离就很难品出其中的美。美景如此，人与人之间的生理与心理上的距离更是如此。

假设在会场中或者某个公众场合有一排 10 个依次排列的座位，在 6 号和 10 号座位上已经分别坐上了两个人，这时你走进了会场，你与他们互不相识，你最有可能选择的是哪个座位呢？心理学家通过实验发现，第三位进会场者一般选择第 8 号座位，第四位进会场者一般选择 3 号或 4 号座位，这里，所有参加实验的人都是互不相识的。为什么会有这样的选择呢？

这就是有趣的人际空间在指挥你做这样的选择。心理学家研究发现，陌生人之间自由选择座位时一般遵循这样的法则：既不会紧紧地挨着一个陌生人坐下；但同时，也不会坐得离陌生人太远。如果你真的紧挨着一个陌生人坐下，那么这个人就会急促地把身子移向另一边，有的甚至还会转移到另一个空座位上去，你这时会感到很尴尬。为什么相互间会有这么别扭的感觉呢？这就是因为我们每个人都需要一定的个人空间。但是，假如你坐得离那个陌生人太远也不行，因为这可能会无声地伤害那个人，他可能会感觉到你是在嫌恶地躲避他。因此，挑选两者之间的座位，一方面可尊重别人的个人区域，另一方面又可以与他人保持一种和谐，避免别扭。这就是旨在维护个人空间的适当疏远原则。当然，当人数增多时，个人区域就会变得很小，这样，即使每个人都紧紧地挨着陌生人坐下，也谈不上相互间的伤害，而且谁也不会有别扭的感觉，这就是一种可以预测的、无声的空间选择规律。

上海作家沙叶新曾在东方电视台的《东方潮》栏目中拍过这样的节目，请一位男青年在上海繁华的大街上有意地紧跟着别人走，或紧挨着别人并排走，然后摄影师偷偷地拍下路人的反应。结果，我们在电视上看到了那些被陌生青年侵犯了个人空间的路人表现出种种紧张和措手不及的窘态：所有被跟随的路人都困惑或焦虑地看着这一青年，甚至很多路人慌不择路地跑进了附近的商店躲起来。这正是通过对他人个人空间的侵犯而引致路人紧张的事例。所以，在与陌生人相处时，为了彼此间的协调，请不要侵犯了别人的个人空间。

陌生人之间在空间上如此，亲戚朋友之间在心理上也同样不是那么"亲密无间"。

我们也常常有这样的体会：亲密的人之间经常会发生摩擦和矛盾，反倒不及初次交往时那么美好、那么容易。很多亲密朋友最终分道扬镳，很多家庭成员之间也常常相互抱怨。有人说，最亲近的关系总是最脆弱的，说的正是这种情况。按理说，应该是交往得越深就越容易相处，人际关系越亲密也越好，可事实上并非如此。原因何在？

很简单，这也是人与人之间的心理距离在无形中起着作用，也就是人们忽略了一个交往的"度"的问题。因此，尽管有着良好的愿望，希望自己所拥有的人际关系亲密度越高越好，但还必须记住"亲密并非无间，美好需要距离"。随着社会的发展与进步，包含"交往距离意识"和"交往距离知识"在内的"文化自觉"，正在成为个人形象建设中不可缺少的一项重要内容，成为现代社会文明进步的深层次的表征。

人际空间是交往双方之间所需要的距离。有人将人际距离分为四种：亲密距离，约在0.5米以内，可感到对方的气味、呼吸、甚至体温；朋友距离，距离0.5～1.2米，在进行非正式的个人交谈时常保持这样的距离；社交距离，即相互认识的人之间，距离1.2～3.5米，一般工作场合中人们多采用这种距离；公众距离，即群众集会场合，距离3.5～7米，一般适用于演讲者与公众、彼此极为生硬的交谈及非正式场合。

埃里克森·斯特龙和欧文·阿尔特曼在《人类生态》杂志上发表了一篇文章，评论了人际空间这个研究课题，并得出了一个"人际行为"的模型。他们说，这个模型根据以下三个假设：（1）人们在任何情况下都寻找最适宜的人际距离；（2）如果人际距离在最适宜的范围之外（太近或太远），人们就会感到不舒服，会为达到适宜范围作出补偿性反应；（3）舒适距离范围的反应，取决于人际状况以及影响个人空间的其他因素。因此我们在日常的交往和生活中应注意把握以下几个方面：首先，要尊重别人的隐私。不论多么亲密的人际关系，也应彼此保留一块心理空间。人们总以为亲密的人际关系特别是夫妻之间、父母与子女之间似乎不应当有什么隐私可言。其实，越是亲密的人际关系越是要尊重隐私。尊重个人的隐私，可以避免对他人的窥探和干预。这种尊重，表现为不随便打听、追问他人的内心秘密，也不随便向别人吐露自己的隐私。过度的自我暴露，虽不存在打听别人隐私的问题，却存在向对方靠得太近的问题，容易失去应有的人际距离，也容易失去彼此所拥有的好感。

其次，要有容纳意识。容纳意识要求我们尊重差异，容纳个性，容纳对方的缺点，谅解对方的一般过错。"水至清则无鱼，人至察则无徒。"清澈见底的水里面不会有鱼，过分挑剔的人也不会有朋友。没有容纳意识，迟早会将人际关系推向崩溃的边缘。

最后，要懂得运用距离效应。距离效应是指由于时间的阻隔，彼此间有了距离，一旦把距离缩短，重新相聚，双方的感情便能得到最充分的宣泄。在这里，距离成了情感的添加剂，这就是我们生活中常用来描述的"小别胜新婚"。朋友之间又何尝不是这样。真正的友谊，并不会因为岁月的流逝而褪色。

可见，有时距离的存在也能给人以美的享受。因此，应当培养自己拉开一定距离看他人的习惯，同时也不要时时刻刻把自己的透明度设置为百分之百。内心没有隐秘足显自己的坦荡，但因此失去了应有的人际距离，无形中为以后的人际矛盾种下祸根，这就不是明智之举。

投射效应

在日常生活中，有些人常常会有这样的体会：自己喜欢说谎，就认为别人也总是在骗自己；自己自我感觉良好，就认为别人也都会觉得自己很出色……心理学研究发现，人们常常不自觉地把自己的心理特征（如个性、好恶、欲望、观念、情绪等）归属到别人身上，认为别人也具有同样的特征，心理学家称这种心理现象为"投射效应"，也就是一种"以己论人"的效应。由于投射效应的存在，我们常常可以从一个人对别人的看法中来推测这个人的真正意图或心理特征。

宋代著名学者苏东坡同佛印和尚是好朋友。一天，苏东坡去拜访佛印，与佛印相对而坐，苏东坡对佛印开玩笑说："我看见你是一堆狗屎"。而佛印则微笑着说："我看见你是一尊金佛"。苏东坡觉得自己占了便宜，很是得意。回家以后，苏东坡向妹妹提起这件事，苏小妹说："哥哥你错了。佛家说佛心自现，你看别人是什么，就表示你看自己是什么。"

在一家出版社的选题讨论中，也曾出现类似的有趣现象：编辑们各自列出他们认为最重要的一个选题：编辑 A 选的是《怎样写毕业论文》，编辑 B 选的是"学龄前儿童教育丛书"，编辑 C 选的是《聂卫平棋路分析》，原来 A 正在参加成人教育以攻读第二学位；B 的女儿正在上幼儿园；C 是围棋迷……其实，这都是投射效应在其中起的作用。心理学认为，所谓"投射效应"，就是指由于自己具有某种特性，因而判断他人也一定会有与自己相同的特性。通俗地说就是"以己度人"，认为自己有什么言行及需要，就认为别人也一定会有什么言行及需要。

心理学中一种观点认为，个体总是假定他人与自己是相同的，尤其是当自己的年龄、民族、国籍、社会经济地位等特征与他人相同时更是如此。即使这种特征很不相同，这种看法也会存在。例如，自己喜欢热闹，往往会认为别人也喜欢热闹；自己好胜心强，则猜想他人也好强等等。

由于投射效应，个体认知他人往往会发生人格歪曲，发生偏见。A·希芬鲍尔（1974）通过放映喜剧或令人讨厌的录像来赋予被试一定的情绪，然后再令被试判断一些照片上的人的面部表情。被试往往会根据自己当时的情绪状态来判断他人照片上的面部表情。在现实生活中，"投射效应"有两种既典型又对立的表现形式：一是有些人总是从好的方面来解释别人的言行及需要，认为世上尽是好人，犹如穆念慈和唐僧，虽然多次上当受骗，仍不会醒悟。原因是他们均有一副"菩萨心肠"，即所谓"以君子之腹度小人之心"；一是有些人总是从坏的方面来解释别人的言行及需要，认为世上尽是坏人，例如在卑劣者的眼里，似乎别人也跟他一样心术不正，倘若别人有明显的善行，也会以为其动机不纯，即所谓"以小人之心度君子之腹"。当一个人感知他人时，如果受到"投射倾向"的干扰，那么他的认识、判断和看法往往从"是这样""一定会这样"等心理倾向出发，把他人的特性生硬地纳入自己既定的框框中，按照自己的思维方式加以理解，从而导致主观臆断，并陷入偏见的泥潭。由于人都有一定的共性，都有一些相同的欲望和要求，所以在很多情况下，我们对别人做出的推测可能都是比较正确的。但是，人毕竟有差异，因此推测总会有出错的时候。

《庄子》中有这样一个故事：尧到华山视察，华封人祝他"长寿、富贵、多男子"，尧都辞谢了，华封人说："寿、福、多男子，人之所欲也；汝独能不欲，何邪？"尧说："多男子则多惧，富则多事，寿则多辱。是三者，非所以美德也，故辞。"

人的心理特征各不相同，即使是"福、寿"等基本的目标，也不能随意"投射"给任何人，更何况其他种种甚至是"不足为外人道也"的想法与看法。但在日常生活中，我们却常常不自觉地把自己的想法和意愿投射到别人身上：自己喜欢的人，以为别人也喜欢，莫名其妙地吃醋；父母常根据自己爱好为子女选择学校和职业，甚至替子女选择爱人等。

　　我们应该认识到尽管人与人之间有很多共同之处，但正如"这个世界上没有两片完全相同的树叶"一样，我们也同样找不到两个完全相同的人，"人心不同，各如其面"，人与人之间有许多不同之处。别人毕竟不是自己，自己的看法当然也不能代表别人的看法，更不能把自己的喜好强加于人。所以我们要尽力克服投射效应心理障碍，认识事物和处理问题要设身处地，多站在别人的角度去考虑，辩证地、一分为二地对待别人和自己，而不要过多的主观臆测，随意推断。只有这样，你才有可能更好地为人与处世。

从众效应

　　一位在物资短缺年代养成排队习惯的读者，曾撰文在一家报纸上发表一则笑话：一日闲逛街头，忽然看见一支队伍绵延如龙，赶紧站到队后排队，唯恐错过什么购买紧缺必需品的机会。等到队伍拐过墙角，发现大家原来是排队上厕所，不禁哑然失笑。这就是盲目从众闹的笑话。

　　美国人詹姆斯·瑟伯也曾有一段十分传神的文字，来描述人的从众心理：突然，一个人跑了起来。也许是他猛然想起了与情人的约会，现在已经晚了一会儿。不管他想些什么吧，反正他在大街上跑了起来，向东跑去。另一个人也跑了起来，这可能是个兴致勃勃的报童。第三个人，一个有急事的胖胖的绅士，也小跑起来……十分钟之内，这条大街上所有的人都跑了起来。嘈杂的声音逐渐清晰了，可以听清"大堤"这个词。"决堤了！"这充满恐怖的声音，可能是电车上一位老妇人喊的，或许是一个交通警察说的，也可能是一个男孩子说的。没有人知道是谁说的，也没有人知道真正发生了什么事。但是两千多人都突然奔逃起来。"向东！"人群喊叫了起来。东边远离大河，东边安全。"向东去！向东去！"……

　　由此可见，从众心理效应对人的影响有多么的大。心理学认为，所谓从众效应就是指由于群体的引导或施加的压力而使个人放弃自己的意见，转变态度，使自己的行为朝着与群体多数人一致的方向变化的现象。用通俗的话说，从众效应就是"随波逐流"或者"人云亦云"。虽然我们每个人都标榜自己有个性，但很多时候，我们却不得不放弃自己的个性，"随大流"，因为我们每个人都不可能对任何事情都了解得一清二楚，对于那些自己不太了解或没有把握的事情，我们一般都会采取"随大流"的做法。

造成人产生从众心理的原因是多方面的。在群体中，如果个体不愿标新立异、与众不同，可能会感到孤立无援，形单影只，而当他的行为、态度与意见表现出同别人一致时，却会有"没有错"的安全感。从深层次来讲，这种心理大概来源于人本主义心理学家马斯洛"五层次需要"理论中的"爱与归属的需要"。从属于某一个群体就不会感觉到源于群体对的无形压力。

研究表明，不同类型的人，从众行为的程度也不一样。一般来说，女性受从众效应的影响多于男性；性格内向、自卑感的人多于外向、自信的人；文化程度低的人多于文化程度高的人；年龄小的人多于年龄大的人；社会阅历浅的人多于社会阅历丰富的人。

社会心理学家研究发现，持某种意见的人数的多少是影响从众的最重要的一个因素，"人多"本身就是说服力的一个明证，很少有人能够在众口一词的情况下还坚持自己的不同意见。我国古代有这样一个故事：曾参至孝至仁，他的母亲对儿子极为了解。有同名同姓的另一个曾参杀了人，有人跑来告诉曾参的母亲："曾参杀了人了。"其母不信。过了一会，又跑来一个人，说："曾参杀了人了。"其母将信将疑。又有第三个人跑来告诉曾参的母亲说："曾参杀了人了。"话音未落，曾母已经翻过墙头避开了。"三人成虎""众口铄金，积毁销骨"说的就是这个道理。

个体所感受到的压力是影响从众的另一个决定因素。这种压力可能是实际存在的，也有可能是个体头脑中想象到的，但结果都可以使个体产生符合社会或团体要求的行为与态度，"木秀于林，风必摧之"，在一个团体内，谁做出与众不同的行为，往往会招致"背叛"的嫌疑，会被其他成员孤立，甚至受到严厉惩罚，因而团体内成员的行为往往高度一致。美国霍桑工厂的实验就很好地说明了这一点：工人们对自己每天的工作量都有一个标准，完成这些工作量后，就会明显地松弛下来。因为任何人超额完成都可能使管理人员提高定额，所以，没有任何人去打破日常标准。这样，一个人干得太多，就等于冒犯了众人；但干得太少，又有"磨洋工"或偷懒的嫌疑。因此，任何人干得太多或者太少都会被提醒，而任何一个人冒犯了众人，都有可能被群体抛弃。为了免遭抛弃，人们就会采取"随大流"的做法，既能维持良好的人际关系又能够减轻由于与众不同而给自己带来的压力，自然就不会去"冒天下之大不韪"了！

此外，个人在众人中的地位也是影响从众的重要因素。地位越低者往往越容易从众，人们往往愿意听从权威者的意见而忽视一般成员的观点。所谓"人微言轻，人贵言重"，说的就是这个问题。

我们了解人的从众心理，是很有意义的。从众效应既有积极作用的一面，也有消极作用的一面。对社会上产生的一种良好时尚，就应大力宣传，造成一种社会舆论，使人们感受到一种无形的压力，从而使从众效应发生作用。如宣传婚姻新事新办、遵纪守法等观念，都会使人产生从众行为。另一方面，有的领导意见本是错误的，而有些员工由于惧怕对自己今后不利，违心地投了赞成票，结果后面的人都跟着投了赞成票。如果这时你能坚持住，是会对单位今后的发展有益的。有的老师的一个解题方法本来不是最佳的，由于很多学生不反对，而导致绝大部分学生效仿老师的那种解题方法。如果你这时能提出更好的解题方法，那不是会使很多学生少走弯路吗？因此，了解人的从众心理，对自己以后的学习、生活以及工作，都是很有帮助的。

得寸进尺
——门槛效应

《伊索寓言》中关于"阿拉伯人和骆驼"的故事是说贪婪的骆驼如何在寒冷的冬夜一步一步地向自己善良的主人提出取暖的要求，最终将可怜的主人踢出温暖的帐篷。骆驼何以能够如愿？在于它巧妙地运用了心理学中门槛效应的原理。

英国心理学家查尔迪尼曾经做过一次类似的研究，他在一次募捐中，先对前部分人提出募捐的请求，附加了一句"哪怕是一分钱也好"的话，而对后部分人却没有说这句话，结果前者募捐的钱物是后者的两倍还多。美国社会心理学家弗里德曼和弗雷瑟也曾在1996年做过一个有趣的实验：他带领学生与市郊的一些妇女（A组）交涉，提出要在她们家的窗户上安一个无害的安全行车标志，两周后再进一步提出一个大一点的要求：在她们家的门前竖一个安全行车的大牌子。同时，又向另外一些妇女（B组）交涉，直接提出第二个也就是在门前竖大牌子的要求。结果，A组接受第二个要求的人占53%，B组接受的只占22%。研究者在分析造成这种现象的原因时认为，人们拒绝难以做到或违背研究者意愿的要求是很自然的；但是当他们对于某种小要求找不到拒绝的理由时，就会增加同意这种小要求的倾向。当他们接受较小要求时，便会产生积极的自我概念或态度（如关心、支持、努力等）。这时如果他们拒绝后来较大的要求，就会产生认识上的不协调，于是认知上的内部压力迫使他们保持协调，使他们继续干下去，并使态度的转变趋向持久。因此，这位心理学家把这种一旦接受了别人一个无关紧要的小要求，接下去往往会接受大的、甚至有违自己心愿要求的现象，称为"门槛效应"。

"门槛效应"是指个体一旦接受了他人的较小要求以后，为避免认识上的不协调，或想给他人前后一致的印象，就有可能进而接受他人较大的要求。运用这种方法让人接受要求，叫做进门槛技术。

根据"门槛效应"，心理学家认为，一下子向别人提出一个大要求，人们一般很难接受，而如果逐步提出要求，不断地缩小差距人们就比较容易接受，这主要是由于人们在不断满足小要求的过程中已经逐渐适应，意识不到逐渐提高的要求已经大大偏离了自己的初衷。如有一个人得了高血压，夫人遵照医嘱，做菜时不放盐，丈夫口味不适应，拒绝进食。后来夫人将医嘱折中了一下，每次做菜少放一点盐，每次递减的程度很小，后来丈夫逐渐习惯了清淡的味道，即使一点盐不放，也不觉得不好吃了。

心理学家还认为，人们都希望在别人面前保持一个比较一致的形象，不希望别人把自己看作"喜怒无常"或者"变化无常"的人，因而，在接受别人的要求，对别人提供帮助之后，再拒绝别人就变得更加困难了。如果这种要求给自己造成损失并不大的话，人们往往会有一种"反正都已经帮了，再帮一次又何妨"的心理，于是，门槛效应就又发生作用了。

在儿童教育中，有经验的父母或教师经常有意识地利用进门槛技术而达到一定的教育目标。在教育实践中，无论是知识的学习、技能技巧的训练，还是良好习惯的培养、不良品行的矫治，成人都可以采用进门槛技术，并能收到良好的效果。

在父母与子女或师生之间存在门槛效应，日常生活也中有很多利用"登门槛效应"的例子：推销员在推销商品时，并不是直接向你提出买他的商品，而是先提出试用化妆品、试穿衣服的要求，等这些要求实现之后，才提出购买要求；男士在追求自己心仪的女孩时，也并不是"一步到位"，不急于提出要与对方共度一生，而是逐渐通过看电影、吃饭等小要求来逐步达到目的等。

在利用"门槛效应"时，我们要注意的是：在引导"入门"之前，方法要巧妙，在引导"入门"之后，推进幅度不可过快，否则容易使人产生上当受骗的感觉。同时"门槛"也不可以设置过多，否则"多中心则无中心"。

罗森塔尔效应

传说古希腊塞浦路斯岛有一位年轻的王子,名叫皮格马利翁,他酷爱艺术,通过自己的努力,终于雕塑了一尊女神像。对于自己的得意之作,他爱不释手,整天含情脉脉地注视着她,并且真诚地期望自己的爱能被接受。这种真挚的爱情和真切的期望感动了爱神阿芙狄罗忒,就给了雕像以生命,将其变成一个美丽少女。女神竟然神奇般地复活了,并乐意做他的妻子。

这个故事蕴含了一个非常深刻的哲理:期待是一种力量。在现实生活中,由于期望而使"雕像"变成"美少女"的例子也不鲜见。美国心理学家罗森塔尔和雅各布森曾做过这样一个实验:他们要求教师们对他们所教的小学生进行学业测验。他们告诉教师们说,班上有些学生属于大器晚成(late blooming)者,并把这些学生的名字念给老师听,罗森塔尔认为,这些学生的学习成绩可望得到改善并再三嘱咐教师对此"保密"。自从罗森塔尔宣布大器晚成者的名单之后,罗森塔尔就再也没有和这些学生接触过,老师们也再没有提起过这件事。事实上所有大器晚成者的名单,是从一个班级的学生中随机挑选出来的,他们与班上其他学生没有显著不同。可是当学期末,再次对这些学生进行学业测验时,凡被列入此名单的学生,不但成绩提高很快,而且性格开朗,求知欲望强烈,与教师的感情也特别深厚。这种结局是怎样造成的呢?罗森塔尔认为,这可能是因为老师们产生了一种暗含期待的深沉的情感体验。在这种情感体验中,包涵着热爱、理解、尊重、信赖、坚信、鼓励、严格要求、期望等在内的复杂的情绪体验。它通过教师的各种暗示的方式,有意无意地流露出对学生的期待,无形中给这些学生予以特别照顾和关怀，以致他们的成绩得以提高。后来研究者们借用古希腊关于皮格马利翁的神话故事来比喻这一教师期待的效果即"皮格马利翁效应"，也称"罗森塔尔效应"。

"罗森塔尔效应"在我们的生活中有较多的应用。相传，管仲在做齐国的宰相以前曾经负责押送过犯人，但是，与别的押解官不同，管仲并没有亲自押送犯人，而是让他们按自己的喜好安排行程，只要在预定日期赶到就可以了。犯人们感到这是管仲对他们的信任与尊重，因此，没有一个人中途逃走，全部如期赶到了预定地点。由此可见，积极期望对人的行为的影响有多大。古人说"用人不疑"，也就是这个道理，任用别人，就应该相信别人的能力，给别人传达一种积极的期望。

著名人力资源管理专家J·斯特林·利文斯顿的论文《管理中的"皮格马利翁"》所表达的理念，与罗森塔尔的理论内涵不谋而合，其大意是：管理人员对下属的期望值微妙地影响下属的工作方式。如果期望值高，下属的工作效率就可能高，否则亦相反。而能否不断创造出让其下属实现高绩效的期望值，是衡量管理人员是否优秀的重要标准。运用到人事管理的实践中，就要求领导对政策要投入感情、希望和特别的诱导，使下属得以发挥自身的主动性、积极性和创造性。如领导在交办某一项任务时，不妨对下属说"我相信你一定能办好""你是会有办法的""我想早点听到你们成功的消息"。这样下属就会朝你期待的方向发展，人才也就在期待之中得以产生。

"罗森塔尔效应"除了在管理上应用之外，目前更多地用于我们的教育中。如果教师认为这个学生是天才，因而寄予他更大的期望，在上课时给予他更多的关注，通过各种方式向他传达"你很优秀"的信息，学生感受到教师的关注，因而产生一种激励作用，学习时加倍努力，因而取得了好成绩。事实上每个人都希望自身价值被别人发现，被别人重视，即使他并不聪明，只要有人以语言或非语言向他表示"你并不笨，其实你相当聪明"，就会使他浑身充满求知的力量。一句话为什么有那么大的威力呢？原因是它能激发学习的积极性。一旦自身的价值被发现了，被别人重视了，那便是一股持久的动力，能促使自己站起来，抬起头，挺着胸膛走路，使自己的学习不断进步。然而，我们有的家长恰恰忽略了这一点。子女的成绩考差了，当老师在学校鼓励了他们后，一回到家却被家长当头一瓢冷水，"丢人……天生的笨蛋"之类的话骂不绝口，不给任何关心和帮助，就会令孩子产生厌学情绪。

试想，如果一个孩子多次被家长说得一无是处，挫伤了积极性，失掉了自尊心，精神垮了，必然会消沉下去，甚至会自暴自弃。像这样的家长，应该让他们先了解一下"罗森塔尔效应"，从中学一些"教子之方"。所以，对于成绩平平、表现一般的同学，我们做同学的、做老师的、做家长的不应该歧视他们，而应该加以鼓励，激发他们的学习积极性，让他们认识到自身的能力，更好地发挥自己的聪明才智，也许能产生"罗森塔尔效应"，取得令人刮目的成绩。对犯罪儿童的研究表明，许多孩子成为少年犯的原因之一，就在于不良期望的影响。他们因为在小时候偶尔犯过的错误而被贴上了"不良少年"的标签，这种消极的期望引导着孩子们，使他们也越来越相信自己就是"不良少年"，最终走向犯罪的深渊。

实践证明在教育过程中渗透罗森塔尔效应的确为上乘之举。因为在教师得到学生的高度信任后，教师暗含的期待能触动学生的心灵，对学生产生巨大的感召力和推动力，引起学生对教师作出积极的反应。它不仅能诱发和鼓舞学生克服困难、积极向上的激情，并且对学生智力的发展、能力的培养、个性心理品质的形成有着很大的影响。积极的期望促使人们向好的方向发展，消极的期望则使人向坏的方向发展，人们通常这样来形象地说明皮格马利翁效应："说你行，你就行，不行也行；说你不行，你就不行，行也不行。"从某种意义上来说也是有一定道理的。一个人如果本身能力不是很行，但是经过激励后，便会得以最大限度的发挥，不行也就变成了行；反之，则相反。因此，要想使一个人发展得更好，就应该给他传递积极的期望。

罗密欧与朱丽叶效应

莎士比亚的著名悲剧《罗密欧与朱丽叶》，主要描写了罗密欧与朱丽叶的爱情悲剧，他们相爱很深，但由于两家是世仇，感情得不到家里其他成员的认可，双方的家长百般阻挠。然而，他们的感情并没有因为家长的干涉而有丝毫的减弱，反而相爱更深，最终双双殉情而死。给世人留下了许多遗憾。

这样的故事在现实生活中也常常见到。父母的干涉非但不能减弱恋人之间的感情，反而使感情得到加强，父母的干涉越多、反对越强烈，恋人们相爱就越深。这种现象被社会心理学家称为"罗密欧与朱丽叶效应"。

为什么会出现这种现象呢？这是因为人们都有一种自主的需要，都不愿意被人控制，成为傀儡，一旦别人越俎代庖，代替自己做出选择并将这种选择强加于自己时，自身就会感到主权受到威胁，从而产生一种心理抗拒，排斥自己被迫选择的事物，同时更加喜欢自己被迫失去的事物，正是这种心理机制导致了罗密欧与朱丽叶的爱情故事一代代地不断上演。心理学家的研究还发现，越是难以得到的东西，在人们心目中的地位越高、价值越大，对人们越有吸引力，俗话所说的"得不到的东西永远是最好的"就是这个道理。轻易得到的东西或者已经得到的东西，其价值往往会被人忽视。某中学初一年级的两位学生由于相互吸引产生好感。一开始，老师和家长都竭尽全力干涉，然而，这种干涉反而为两个孩子增加了共同语言，使他们更加接近。后来，校长改变了策略，他将孩子和老师都叫去，没有批评孩子们，反而说老师误会了他们，把纯洁的感情玷污了。过后，这两个孩子还是照样来往，但是没过多久，他们因为缺乏共同点而渐渐疏远，最终发现对方与自己理想中的"王子"和"公主"相差太远而分道扬镳。

"罗密欧与朱丽叶效应"在生活中推广运用就是"禁果分外甜"。"禁果"本是《圣经》中的一个词，它讲的是夏娃被神秘智慧树上的禁果吸引而去偷吃，结果被贬到人间。这种被禁果所吸引的逆反心理现象，称之为"禁果"效应。禁止的东西分外诱人，人们总是想方设法地想去尝试一番。若要使一个人去做被禁止的事，只要对他说声"不许"就够了，而不必过分地强调。当然"禁果"在各种不同的情况下具有不同的意义。对于个体以及整个人类来说，积极方向是求知的意向，它可以激发人们的好奇心，促使人们去探索未知的领域，产生了解所不知道的东西的愿望。

此外，如果没有说明禁止的原因，那么禁止这个事实本身就会引起各种假设、推测，被禁止者总要想方设法去弄清，为什么不许他们做某件事的合理解释。父母时常只是禁止而不说明他们"不许"的理由。由于不相信这种禁止有充分的理由，孩子便会对它的正确性发生怀疑，从而产生犯禁的意向。如果苹果树上挂着个牌子"苹果喷有毒药，不能吃"，谁都不会产生上树吃苹果的愿望。相反，如果家长不让孩子抽烟，孩子可能会想，"爸爸自己都抽烟，却禁止我抽"，这种想法会产生品尝禁果的企图。我们也常看到一些电影院写着"此电影儿童不宜"字样的告示，结果看电影的人反而会大大增加，而且就有许多儿童和青少年夹杂其中，因为这一告示大大激发了人们的好奇心。

此外，模仿或羡慕也起着重要的作用。"你还小，抽烟还太早！"——这个理由反而加强了孩子对成年人的羡慕，从而促使他偷偷地去抽烟。"这些事情等你长大了就知道了，现在告诉你也不懂！"——这种说法反而激发了孩子的好奇心，想方设法地想弄明白大人不愿意告诉他们的事情。

历史上土豆从美洲引进法国的历史是耐人寻味的。在那里，它很长时间没有得到推广：宗教迷信者把它叫作"鬼苹果"，医生们认为它对健康有害，而农学家断言，土豆会使土壤变得贫瘠。著名的法国农学家安端·帕尔曼切在德国当俘虏时，亲自吃过土豆，他回到法国后，决意要在自己的故乡培植它。可是很长时间他未能说服任何人。于是他耍了一个花招。1787年，他得到国王的许可，在一块出了名的低产田上栽培土豆。根据他的请求，由一支身穿仪仗服装的、全副武装的国王卫队看守这块地。但只是白天看守，到了晚上，警卫就撤了。这时，人们受到"禁果"的引诱，每到晚上就来挖土豆，并把它栽到自己的菜园里。帕尔曼切达到了目的。

北宋散文家苏洵也有一段利用"禁果"教子的故事：苏洵的两个孩子苏轼和苏辙自小十分顽皮。在多次说服教育不见成效的情况下，苏洵决定改变教育方法。在这以后，每当孩子在玩耍时，他就有意躲在角落里读书，孩子一来，更是故意将书"藏"起来。苏轼和苏辙好生奇怪，以为父亲一定瞒着他们看什么好书。两人出于强烈的好奇心，趁父亲不在家时，把书"偷"出来，认真读起来，从此逐渐养成读书的习惯，切切实实地感受到了读书的无穷乐趣，终成名家，与其父被后人尊称"三苏"，共同跻身"唐宋八大家"之列。

所以，由于人们普遍都具有好奇心和逆反心理，因此生活中常出现"罗密欧与朱丽叶效应"或者是"禁果效应"。它给我们的启示有两个：一方面，不要把不好的东西当成禁果，人为地增加对它的吸引力；另一方面，把人们不喜欢但有价值的东西，人为地变成禁果以提高其吸引力，毕竟"禁果"分外甜。

旁观者效应

俗话说："一个和尚挑水吃，两个和尚抬水吃，三个和尚没水吃。"这是什么原因呢？

虽然我们在很小的时候就听说过"人多力量大"的故事，但越来越多的事实却向我们证明：人多，力量却并不一定大；相反，很多时候恰恰是因为人多，力量分散，力量反而显得小了。心理学家将这种现象称为"旁观者效应"，也有人戏称为"龙多不下雨效应"，而所谓旁观者实质上是指面对他人需要帮助而不去帮助的人。旁观者效应的提出，始于美国纽约发生的震惊全美的吉诺维斯案件。

1964 年 3 月，在纽约的克尤公园发生了一起震惊全美的谋杀案。一位年轻的酒吧女经理，在凌晨 3 点回家的途中，被一个不相识的男性杀人狂杀死。这名男子作案时间长达半个多小时，当时，住在公园附近公寓里的住户中，至少有 38 人看到或听到女经理被刺的情景和反复的呼叫声，但没有一个人下来营救她，也没有一个人及时打电话给警察。事后，美国大小媒体同声谴责纽约人的异化与冷漠。

然而，两位年轻的社会心理学家——巴利与拉塔内并不认同这些说法。对于旁观者们的无动于衷，他们以为还有更好的解释。为了验证自己的假设，他们进行了一项试验。他们让 72 名不知真相的参与者，以一对一和四对一两种方式，与一个假扮的癫痫病患者使用对讲机保持通话。在交谈过程中，当那个假病人大呼救命时，事后的统计数据出现了有意思的一幕：在一对一方式的那组，有 85% 的人冲出工作间去报告有人发病；而在有四个人同时听到假病人呼救的那组，只有 31% 的人采取了行动！这样，对克尤公园现象有了令人信服的社会心理学解释，两位心理学家把它叫做"旁观者介入紧急事态的社会抑制"，更简单地说，就是"旁观者效应"。他们认为，正是因为一种紧急情形有其他的目击者在场，才使得每一位旁观者都无动于衷，"可能更多的旁观者是在注意其他旁观者的反应，而不可能事先存在于一个人'病态'的性格缺陷中"，也就是说旁观者效应的产生是由于其他旁观者在场，而不是由于某个人性格上的缺陷。

研究发现，"旁观者效应"的大小与旁观者的人数、年龄、身份等因素相关。在紧急求救情况下，旁观者人数越多，就越不容易出现救助行为；只有一个旁观者时，采取救助的可能性最高；旁观者若是一个或几个孩子和一个成人，成人采取救助行动的可能性最高；旁观者中身份特征显著（如穿警服的警察等）和有相互认识者出面救助的可能性高。研究者认为，由于"旁观者效应"的存在，使得旁观者更加小心地评价自己的行为，不会贸然行事，以防止做出尴尬难堪的事情，而使人倾向于仿照他人的行为行事。如果其他旁观者都没有行动，可能的救助者则会由于顺从于大众一致的心理，出于群体的压力，也按兵不动。同时也使个人不帮助受难者的代价减少，自己见危险不救所产生的罪恶感和羞耻感会扩散到其他人身上，从而减轻自己的责任，降低良心所受到谴责的程度。旁观者不相识所产生的身份隐匿，也会减轻自己见死不救时所承受的外界社会责任压力，认为"我可以救，别人也可以救，为什么一定要我救"，从而造成集体冷漠的局面。以此种解释来分析上述研究结果便可得知，由于成人不能将救难的责任扩散到孩子身上，所以成人的救助是责无旁贷的；由于相互认识无法隐匿身份，所以相识的旁观者更会参加救助。由此可以推知，如果旁观者认识到自己的责任不可推卸、责无旁贷，就更可能采取救助行动，否则他将会付出巨大的心理代价。进一步的研究还发现，在有众多旁观者的情况下，只要有人率先伸出援助之手，就会打破"旁观者效应"，其他旁观者也会施以援手。

由以上研究可以知道，一个人如果在一个人数众多的广场上听到呼救，和在一个仅仅容一人通过的胡同里听到呼救相比，他在后一场合更可能做出行动的表示，他更有可能奋不顾身地救助别人。原因在于前一场合有众人与他一起分担着救人的责任，而后者只有他自己一人，他责无旁贷去救人，否则他将受到自己良心的谴责。因此"旁观者效应"的根源，在于责任的分散。旁观者越多，每个人所感受到的自己所肩负的责任就越小，因而提供帮助的可能性也越小；而那些认为"除了自己，没有人会去帮助受害者"的旁观者，则会感觉到自己对受害者负有不可推卸的救护之责，因而实际上提供援助的情况反而比较多。众目睽睽之下发生如此多的惨剧，不为别的，只因为在场的人太多了！

用这个效应试想一下媒体曾报道过的儿童落水事件。旁观者甲本想下水救人，又有些犹豫，他在想其他目击者乙、丙等人的反应。转念一想，这么多人都看到小孩子落水，总会有几位下去救险的，自己就不下去吧。犹豫之间，小孩子被水吞没了。居然没人下水！甲不禁心里有些内疚，再一想，要责怪，要内疚，要负责任，也是同乙、丙等数十人分担，没什么大不了的。于是，他走开了。

就这样，一桩桩旁观者众多，却"见死不救""见事就躲"的事件发生了。这种现象的产生，原因之一便在于"旁观者效应"，它同时也与人们一般以为的世态炎凉、人心不古之类的社会氛围，或看客的冷漠等集体性格缺陷混杂在一起。而在了解了"旁观者效应"之后，在紧急情况下，我们应该勇于站出来救助别人，率先打破旁观者效应，使需要帮助的人及时得到救助，同时也可以引发其他旁观者的帮助。

安慰剂效应

小孩子割破了手指，给他贴上一块胶布，他立即便觉得手指不那么痛了。但是胶布其实没有止痛，甚至没有疗伤作用。这就是心理学中的"安慰剂效应"给小孩止了痛。

心理病古已有之，因此"安慰剂"也古已有之。古时的医生已经会用面粉制成"药丸"，给那些其实身体健康却疑心生病的"病人"服用。后来，在讲求科学的年代中，这种认为心理可治愈疾病的理论被认为"不科学"而被科学界鄙弃。然而民间仍然沿用着不少属于这一范畴的所谓"土疗法"，例如坐在一条浸了醋的毛巾上可以止鼻血、在病牙上下咒语便能止牙痛等。

直到近年，部分医生发现这些全无科学根据的"土疗法"却又通常奏效，于是决心要解开"安慰剂效应"之谜，并进行了一连串的实验。

美国有一位生理心理学家曾将吐根碱（致吐剂）通过胃管注入呕吐病人胃中，并告诉病人这是止吐药物，结果在短时间内病人的恶心呕吐感消失。经过一段时间后病人又出现呕吐，重新注入吐根碱，恶心感又很快消失。这个实验说明药物不但有生理效应，而且通过一定的诱导会产生心理效应。在这个实例中，心理效应（镇吐和安慰）的作用超过了药物的生理效应（催吐）。所谓安慰剂效应，是指在治疗中向病人提供安慰剂、由治疗的期望而产生的症状减轻或病情的好转。1990年《世界医学新闻》报道，安慰剂可令人满意地解除平均35%的参加试验的病人的症状。西方学者对这种奇特现象解释是：人类精神可以导致实际的身体化学过程的变化，这种变化是其相信和期待的一种结果。假如一个人相信某种药物具有能实现具体治疗目标的作用，那么他的身体状况就会或者可能向着那个目标方向变化。"安慰剂效应"最明显的效果是作用在诸如胸痛、手臂痛、偏头痛、过敏、发烧、感冒、粉刺、气喘、疣、各种疼痛、呕吐、晕船、胃溃疡、精神病（如沮丧、亢奋）、风湿及退化性关节炎、帕金森肌肉颤抖症、各种硬化症等不是严重危及生命危险的各种病症上，有的也对心脏病和癌产生显著效果。

那么什么是安慰剂？安慰剂是指用生物学上的本属中性的物质做成使受试者或病人相信其中含有某种药物的药丸或制剂，如用没有药物活性的物质淀粉等制成与真实药物一样的剂型作为安慰剂。药物的安慰剂效应是通过服药者对药物的认识、感受以及服药行为本身，通过心理—生理的相互作用而产生效果的。其效应既有加强药物生理效应的一面，又有削弱生理效应的一面。许多研究表明：至少有1/3以上的人对安慰剂有反应，出现了临床症状的好转；如果再结合语言、宣传和其他途径，安慰剂的效果还要更显著，这正应了中国一句俗语："信则灵。"其实，不但是安慰剂，所有真实的药物也都具有不同程度的"安慰剂效应"，安慰剂效应属于暗示效应。

一个人患病后，通常需要药物治疗，通过药理作用对机体的生理机能发挥作用，以达到治疗的目的，这是药物的生理效应；研究证明，不仅如此，药物还可通过非生理效应，以"接受药物治疗"的方式，在病人心理上引起良好的感受而导致疾病的好转，即药物的心理效应。一般认为，药物的心理效应与其药理作用无关，但可借用药物的生理效应来强化语言暗示效果，这在暗示性心理治疗中则显而易见。

在临床实践中，医护人员与病人都自觉或不自觉地使用和接受安慰治疗。如在疾病诊断不明确或在误诊情况下用药，实际上就是安慰剂，关键是如何用得更妥当，更有利于疾病的恢复。在给药时，家人可通过语言和态度来提高药物的心理效应。可以通过以下方式提高药物的心理效应：（1）亲属在护理中，要因势利导，适时适度地运用心理效应来增强药物的治疗效果，这取决于亲属的心理素质和掌握有关的心理学知识及使用技巧。（2）语言暗示对药物的心理效应影响极大，可通过语言加强其效应，也可通过语言消除其不良反应。有时还可利用药物来加强语言暗示作用，如癔症病人常用葡萄糖酸钙或溴咖静脉注射而产生效果。国外有人发现，1/3 的病人在用安慰剂后可获止痛效果，此类事例举不胜举。（3）用安慰剂作保护性医疗，减少病人痛苦。癌症病人在缺乏有效药物和治疗措施时，若医护人员或亲属说"这种病无法治疗"，就会引起病人的绝望。此时，用安慰剂可解除病人精神上的痛苦。（4）护理中要熟练掌握安慰剂的使用，并应仔细观察和了解病人的心理特点，选择恰当的给药时机，配合恰当的语言暗示，排除不良反应的影响。

专家还建议医生必须耐心聆听病人的倾诉，认真仔细地检查病人的身体，然后给予病人肯定的信息，病一定能治好。这些全都是"安慰剂"，能像钥匙那样，开启"体内药厂"的锁。此外随着心理咨询业的逐步发展，安慰剂也更多地用于心理疾病的治疗之中。

过度理由效应

在日常生活中我们常有这样的体验：亲朋好友帮助我们，我们不觉得奇怪也经常会无动于衷，因为"他是我的亲戚""他是我的朋友"，理所当然，他们应该帮助我们；但是如果一个陌生人向我们伸出援手，我们却会感动万分，认为"这个人乐于助人"。

同样，在家庭生活中，妻子和丈夫常常无视对方为自己所做的一切，或者子女经常无视父母为自己所做的一切，因为"这是责任""这是义务"，而认识不到是因为"爱"和"关心"；一旦外人对自己做出类似行为，则会认为这是"关心"，是"爱的表示"，会感激涕零，从而做出一些傻事。

为什么会有这么大的区别呢？这就是社会心理学上所说的"过度理由效应"。该理论由英国效率专家库贝提出，认为我们每个人都力图使自己和别人的行为看起来合理，因而总是为自己的行为寻找理由，一旦找到足够的理由，人们就很少再继续找下去。而且，在寻找理由时，总是先找那些显而易见的外在原因，因此，如果外部原因足以对该行为做出解释，人们一般就不再去寻找内部的原因了。

"过度理由效应"同时还告诉我们，当事人从事活动得到的奖励被取消后，当事人对这种活动的兴趣便会下降，从而减少乃至终止从事这项活动。也就是说，如果一种行为是靠内发的动力驱使的话，外部奖励反而会削弱这种行为。行为只有靠内发的驱动才能够持久，外部奖励这时候就扮演了一个反面角色。

在生活中，我们经常可以看到人们利用心理学中的"过度理由效应"。

有一个老人曾经很巧妙地运用了"过度理由效应"纠正了一些儿童的不良行为。老人在一个小乡村里休养，但附近却住着一些十分顽皮的孩子，他们天天互相追逐打闹，喧哗的吵闹声使老人无法好好休息，在屡禁不止的情况下，老人便想出了一个办法。

他把孩子们都叫到一起，告诉他们谁叫的声音越大，谁得到的报酬就越多，他每次都根据孩子们吵闹的情况给予不同的奖励。等到孩子们已经习惯了获取奖励的时候，老人开始逐渐减少所给的奖励，最后无论孩子们怎么吵，老人一分钱也不给。结果，孩子们认为自己受到的待遇越来越不公正，认为"不给钱了谁还给你叫"，再也不到老人所住的房子附近大声吵闹。

显然，吵闹是孩子的天性。这种行为本身是靠内部兴趣支配的，行为本身就是对他们最大的回报。然而，后来孩子们为了奖励而吵闹，把吵闹的动力寄托在了外部奖励上，所以当奖励停止，吵闹也没有持续下去的理由了。由此可见，如果我们希望某种由内在动机激发的行为不再发生，就可以利用给予外部奖励或者外部评价的方法来进行"表面的强化"，到一定阶段之后再取消这种"强化"，结果这种行为必然也会随之结束，也就是我们平时所说的，"欲先夺之，必先与之"。

然而，人类的有些行为，是由良心支配的。良心，是一种内发的责任感。如果对良心支配的行为进行奖励，其结果就是，一旦奖励停止，行为也中止了。行为如果只用外在理由来解释，那么，一旦外在理由不再存在，这种行为也将趋于终止。因此，如果我们希望某种行为得以保持，就不要给它外部理由。社会上有一段时间曾出现是否应该奖励良心的讨论，也许正是因为人们对良心进行奖励造成了良心的危机。当一个人出于内部的责任和兴趣而行事的时候，他不会考虑这样能够得到什么奖励，只因为其行为本身就是奖励。心理学的基本常识也告诉我们，当人出于自身内部的动机、兴趣和责任感去做一件事情时，并不需要外部的表扬和奖励，表扬和奖励反而是多余的。

在现实生活中，经常会有一些违背"过度理由效应"的做法，行为外的外部条件会削弱一些行为的持久性动力。是否应该对"见义勇为"行为进行奖励，见义勇为或助人为乐者是否有权利向被帮助者索要报酬的讨论，就和我们这里所说的"过度理由效应"有很大的关联。如此奖励下去，见义勇为和助人为乐等高尚行为也许有一天就会变成了"见利勇为"和"助人为钱"了。实质上不难看出，产生"过度理由效应"的负面影响，主要原因就是我们的评价机制或者激励机制应用不当。

所以如果企业的领导希望自己的职员努力工作，就不要仅仅给予职员以物质奖励，而要想办法让职员发自内心地认可这份工作，喜欢这家公司；如果家长或者教师希望孩子努力上进，也不能用太多的金钱和奖品去奖励孩子的好成绩或者好习惯，而要让孩子觉得自己喜欢学习，学习是件有趣的事，认真学习是自己的责任和义务。

人群中的权威效应

20世纪60年代，美国心理学家们曾经做过这样一个实验：一天，某大学上课铃声响过之后，一位教授陪同一位学者从容地走进教室，教授向学生介绍说："这位客人是国际知名的化学专家，他受美国政府的雇佣，专门研究气体扩散的特征。"在教授讲完之后，这位客人以浓重的德国口音向学生说：他想试验他所发明的一种化学蒸气的特性，测量这种化学蒸气扩散的速度以及人类是否很容易就能觉察到它的存在。试验中这位"化学家"煞有其事拿出了一个装有蒸馏水的瓶子，并指着这个小玻璃瓶说："我请你们配合做个小实验，等一会儿我把瓶盖打开，释放出一种无毒气体，它有一点瓦斯气味，请在座的学生如果闻到气味就举手。"结果全班同学由前排到后排，很有秩序地都举起了手，表示他们闻到了这种气体的气味。后来的心理学家像霍夫兰以及阿伦森等人也做过类似的实验，也证明了这一现象。对于本来没有气味的蒸馏水，为什么多数学生都认为有气味而举手呢？

这是因为有一种普遍存在的社会心理现象——权威效应。所谓"权威效应"，又称"社会效标效应"或者"崇名效应"，就是指说话的人如果地位高、有威信，受人敬重，则所说的话容易引起别人重视，并使人相信其正确性，即"人微言轻、人贵言重"或者叫作"一言九鼎"。由于人们总有一种敬佩或惧怕权威的心理，而这种心态可以使人们自愿或被迫地服从或迎合权威的意向。当权威的意向符合客观事实时，其所产生的效应是积极的。但是当权威的意向有悖于客观事实时，权威效应所起的作用便走向了反面。正因为是权威化学家"请求"学生们配合实验，对权威的服从使学生们"闻到"了蒸馏水的气味。权威效应在日常生活中的更多地表现为崇拜名人、权威,仰慕名著或对名牌的一种慕名心理。

权威效应的普遍存在,首先是由于崇拜心理。社会上为数众多的"追星族",他们模仿自己所崇拜的明星的穿着打扮、言行举止,一旦有机会见到该明星就可能如痴如醉,为之发狂。在他们看来,这些明星就是他们生活中至高无上的"权威"。另一方面,也有一些人崇拜名人,希望自己能从具有崇高声望的名人那里获得更多、更准确、更独特的信息来充实自己、提高自己,伴随着对名人的崇拜可以唤起自己强烈的求知欲望和学习激情。由此可见,在崇拜心理的作用下,"权威效应"一方面可能表现为盲目的明星崇拜或者偶像崇拜,另一方面又可能表现为榜样的示范作用。

安全心理是权威效应产生的另一个原因。如同人们认为名牌产品总是质量好、信誉高、不会出毛病一样,人们也往往总认为威望高的名人、职位高的官员、学有专长的学者们是正确的楷模、真理的化身。信赖和服从他们,会增加不出错的"保险系数",产生较强的安全感。在这种心理的驱使下,人们一般会毫无戒备地接受来自"名人"的信息,这就强化了"权威效应",同时也扩大了"名人"对社会的影响。所以在教育领域中经常有"亲其师,信其道"的说法,这与权威效应有很大关联。

同时,自居心理也是权威效应存在并产生作用的一个重要的原因。自居,原是心理学家弗洛伊德精神分析心理学中的术语,指的是人的一种自我防御机制或者适应行为,即把一个他所崇拜或钦佩的人的特点当作自己的特点,用以掩饰自己的短处的心理现象。这种心理一般有两种表现形式,一种是模仿,如学生对老师、下级对上级的言谈举止甚至服饰的机械模仿。另一种是借名人的优点、声望等来满足自己的愿望。生活中常常可以听到有人会将"某某是我的亲戚""我父亲是某某官""某某是我的朋友""我曾经和某某相识"等等挂在嘴边,这便是此种心理的行为表现。因此,这种自居作用一方面可以使人们学习名人的长处,使人们在对名人的仰慕和崇拜中受到感染,在参照名人言行行动的过程中,不断调节自己的行为,完善自己的个性。当然也有应用不当的例子。相传明朝年间,江西吉州有位赶考秀才名叫欧阳伯乐,因与欧阳修同姓，便在行李担上插了面小旗，上书："庐陵魁选欧阳伯乐。"其他考生见了作诗嘲讽："有客遥来自吉州，姓名挑在担竿头。虽知你是欧阳后，毕竟从来不识修（羞）。"一时传为笑谈。这说明借名人扬自己的名，应该慎重。如果自己不努力，还以名人或名师弟子自居，必然愚笨之极，引致众人的嘲笑。

当然，在现实生活中，利用权威效应的例子也很多，比如，做广告时请权威人物赞誉某种产品，尤其是做化妆品广告时，请漂亮的明星或者知名的影星使用该产品，似乎更能说明产品的使用效果；在辩论或者说理时引用权威人物的话作为论据，自己的论点就更有说服力等。

定势效应

"定势效应"是指人们根据过去的经验，在头脑中形成对人或事物的固定看法。也就是一种固定不变的态度，一种心理准备状态，以先前印象所得，作为以后评论观察对方的原始根据，或者说，用最初接受的印象来解释后来的印象，像"我早知道他会这样做的""这不可能，他不会的，他绝不会的"便是两种定势效应的不同表现。前者是一种顺向解释；后者是在前后矛盾时，后来印象屈从前面印象，从而形成整体一致的印象。如小品《配角》中朱时茂说陈佩斯："就你那模样，一看就是个反面角色……"然后说自己："看我穿上这身衣服，起码也是个地下工作者呀……"这就是从长相产生的定势效应。"疑人偷斧"也是这个道理，它是以逻辑推理的方式得出的定势思维。心理学告诉我们，人的思维一旦形成某种定势，必然导致思想的僵化。

请看这样一个智力问题：一位公安局长在路边同一位老人谈话，这时跑过来一位小孩，急促地对公安局长说："你爸爸和我爸爸吵起来了！"老人问："这孩子是你什么人？"公安局长说："是我儿子。"请你回答：这两个吵架的人和公安局长是什么关系？

这一问题，在100名被试中只有两人答对！后来对一个三口之家问这个问题，父母没答对，孩子却很快答了出来："局长是个女的，吵架的一个是孩子的爸爸，另一个是孩子的外公。"

为什么那么多成年人回答如此简单的问题反而不如孩子呢？这就是定势效应：按照成人的经验，公安局长应该是男的，从男局长这个心理定势去推想，自然找不到答案；而小孩子没有这方面的经验，也就没有心理定势的限制，因而一下子就找到了正确答案。

定势效应指的是对某一特定活动的准备状态，它可以使我们相当熟练地从事某些活动，可以节省很多时间和精力；然而其存在也会束缚我们的思维，使我们只用常规方法去解决问题，不寻求思维创新和突破，也会给解决问题带来一些消极影响。

不仅在思考和解决问题时会出现思维定势，人们在认识他人、与人交往的过程中也会受心理定势的影响。

苏联心理学家曾做过这样一个关于"心理定势"的经典实验：研究者向参加实验的两组大学生出示同一张照片，但在出示照片前，向第一组学生说：这个人是一个怙恶不悛的罪犯；对第二组学生却说：这个人是一位大科学家。然后他让两组学生各自用文字描述照片上这个人的相貌。

第一组学生的描述是：深陷的双眼表明他内心充满仇恨，突出的下巴表明他沿着犯罪道路顽抗到底的决心……

第二组的描述是：深陷的双眼表明此人思想的深度，突出的下巴表明此人在认识道路上克服困难的意志……

对同一个人的评价，仅仅因为先前得到的关于此人身份的提示不同，得到的描述竟然有如此戏剧性的差异，可见心理定势对人们认识的巨大影响！在人际交往中要避免定势效应，用发展的、辩证的眼光去看人。而对于一个犯过错误或不被看重的人来说，要改变别人的思维定势，就要对自己的成绩或好事做适当宣传，改变别人的心目中不好的思维定势，建立新的、好的定势效应。

当我们看魔术表演时，都会紧紧盯住魔术师的一举一动。然而并不是魔术师有什么高明之处，只是我们大伙儿的思维"定型"了，被魔术师的"障眼法"蒙蔽了。比如当我们看到别人从扎紧的袋里钻出来时，总习惯于想他怎么能从扎紧的布袋上端出来，而不会去想布袋下面可以做文章，下面可以装拉链。

在人生的旅途中，我们总是经年累月地按照一种既定的模式生活，从未尝试走别的路。很多人走不出思维定势，所以他们走不出宿命般的可悲结局；而一旦走出了思维定势，也许可以看到许多别样的人生风景，甚至可以创造新的奇迹。因此，从舞剑可以悟到书法之道，从飞鸟可以造出飞机，从蝙蝠可以联想到电波，从苹果落地可悟出万有引力……常爬山的应该去涉涉水，常跳高的应该去打打球，常划船的应该去驾驾车。换个位置，换个角度，换个思路，也许我们面前是一番新的天地。

定型化效应
——刻板印象

在 20 世纪 70 年代的电影中，当一个留着长发，蓄着胡子，戴着墨镜的人物一出现，你就会觉得这不是一个好人，肯定是一个坏蛋；在日常生活中，当一个仪表堂堂、风度翩翩的人盗窃和杀人时，你会感到吃惊或难以置信；一个你认为十分老实的人突然干了坏事，进了班房，你往往难以接受这一现实……其实这就是"定型化效应"，也叫刻板印象或"经验的逻辑推理效应"。

所谓定型化效应是指由于受社会影响，人们对于某一个人或某一类人所产生的一种比较固定的看法，也是一种概括而笼统的看法。

可以说，定型化效应普遍地存在于人们的意识之中。人们不仅对曾经接触过的人具有刻板印象，即使是从未见过面的人，也会根据间接的资料与信息产生刻板印象。一般来说，定型化的产生是以过去有限的经验为基础的，源于对人的群体归类。例如按年龄归类，人们会认为年轻人总是举止轻浮、"嘴上没毛，办事不牢"，而老年人则是墨守成规、缺乏进取心；按性格归类，认为男性总是独立性强、竞争心强、果断勇敢、自信和有抱负，而女性则是"头发长、见识短"、依赖感强、起居洁净、讲究容貌、细心、软弱；按职业归类，认为工人总是身强力壮、直爽热情，而农民则是勤劳谨慎、自私迷信；按地区归类，认为北方人总是外向、忠厚，而南方人则是内向、机灵等。关于刻板印象的特征，有学者将其归纳为：

1. 它是对社会人群的一种过于简单化的分类方式；

2. 在同一社会文化或同一群体中，刻板印象具有相当的一致性；

3. 它多与事实不符，甚至有的是错误的。

刻板印象的形成，主要是由于我们在人际交往过程中，没有时间和精力去和某个群体中的每一成员都进行深入的交往，而只能与其中的一部分成员交往，因此，我们只能"由部分推知全部"，由我们所接触到的部分，去推论这个群体的"全体"。

应该承认，定型化效应有时是人们认识某一交往对象的捷径。因为"物以类聚，人以群分"，某一类人处于大致相同的社会、经济条件和文化水平上，容易形成许多共同特征。但是，"人心不同，各如其面"，由于每个人具体生活经验多少有些差异，社会成员彼此都有其个性。事实上，由于刻板印象往往不是以直接经验为依据，也不是以事实材料为基础，只凭一时偏见或道听途说而形成的，并不能代替活生生的个体。因此，绝大多数刻板印象是错误的，甚至是有害的。如果不明白这一点，在与人交往时，"唯刻板印象是瞻"，像"削足适履"的郑人，宁可相信作为"尺寸"的刻板印象，也不相信自己的切身经验，就会出现错误。所以，有时"偏见比无知离真理更远"。人际知觉偏见，很有必要纠正，因为只有在健康的、无偏见的社会环境中，人才能过正常的生活，人与人之间才能和睦相处。

刻板印象一经形成，就很难改变，因此，在日常生活中，一定要考虑到刻板印象的影响。例如，市场调查公司在招聘入户调查的访员时，一般都应该选择女性，而不应该选择男性。因为在人们心目中，女性一般来说比较善良、较少攻击性、力量也比较单薄，因而入户访问对主人的威胁较小、成功率高；而男性，尤其是身强力壮的男性如果要求登门访问，则很容易被拒绝，因为他们更容易使人联想到一系列与暴力、攻击有关的情形，使人们增强防卫心理。

既然刻板印象普遍存在，又有很多消极和危害影响，人们就要学会摆脱别人对自己的刻板印象，同时自己也要尽力避免对别人产生刻板印象。刻板印象是普遍存在的，它在日常生活中对人的影响很大，人们了解了这种心理，多注意自己的言与行，这对自己今后的工作、生活和学习都有很大的帮助。

约翰·亨利效应

有一则发生在美国的故事：有一位叫约翰·亨利的青年，三十多岁了仍一事无成，他整天在唉声叹气中度日。一天，他的一位好朋友找到他，兴高采烈地跟他说："我看到一份杂志，里面有一篇文章讲拿破仑有一个私生子流落到了美国，这个私生子又生了一个儿子，他的全部特点跟你一样：个子很矮，讲的是一口带着法国口音的英语……"亨利半信半疑。但当他拿起那本杂志琢磨了半天后，终于相信自己就是拿破仑的孙子。此后，亨利完全改变了自己对自己的看法。从前，他以自己个子矮小自卑；如今他欣赏自己的正是这一点，"矮个子多好！我爷爷就是靠这个形象指挥千军万马的"。从前，他觉得自己的英语讲得不好，而今他以讲带有法国口音的英语而自豪！每当遇到困难时，他就会认为，"在拿破仑的字典里没有'难'字"。就这样，凭着他是拿破仑孙子的信念，三年后，他成了一家公司的董事长。后来，他请人调查他的身世，才知道他并不是拿破仑的孙子。但他说："现在我是不是拿破仑的孙子已经不重要了，重要的是我懂得了一个成功的秘诀：当我相信时，它就会发生。"

这个故事耐人寻味，读后发人深省。它说明：一个人一旦拥有了信心，便拥有了决心、意志、勤奋、耐心以及不屈不挠、不达目的不罢休的斗志，其潜力就会得到充分挖掘，潜质得到彻底发挥。这一现象就是我们心理学上的"亨利效应"，也叫"成功强化效应"。

在人生的旅途中要想获得成功，前提之一就是要有自信心。一个人若有自信心，则意味着会对自己采取肯定的态度，相信自己的能力，从而发挥自己内在的潜能，达到既定的目标。无数成功者的实践也证明，成功之路是崎岖坎坷之路，能走完这条路的，大都是具有自信心的人。然而，自信心与成功是相互依赖和相互促进的，我们往往只看到要成功必须先有自信心，而忽视若能创造条件先让人获得成功则有助于自信心的建立。心理研究表明：一个人只要体验一次成功的快乐，便会产生喜出望外的激奋心理，从而增强自信心，这又使其去追求更高层次的成功，即形成"成功——自信——又成功——更自信"的良性循环。棋界有句行话："君子不赢头盘棋。"高手与陌生人下棋，往往故意输掉第一盘棋，目的就是使对手有成功的体验，从而使其相信自己的实力，增添其自信，激发对弈搏杀的劲头。如果对方在下头盘棋时就输掉，并且输得很惨，他就很难有继续对弈搏杀的劲头，其实这就是运用了"约翰·亨利效应"。

在教学与管理工作中，也存在"亨利效应"。著名化学家瓦拉赫在读中学时，几乎门门功课不及格。当时，人们普遍认为，这样的学生将来必定一事无成，校长甚至要求家长将瓦拉赫带回家中。唯独一位化学老师发现瓦拉赫做化学实验非常细心，具备研究化学的潜质。在这位化学老师的鼓励下，瓦拉赫扬起了希望的风帆，在自己的心目中升起这样一个信念："只要我努力，就会成为化学家。"在老师的悉心指导下，瓦拉赫的潜能得到了充分的发挥，并最终成为获得诺贝尔奖的大科学家。在接受采访时，他激动地说："首先我应该感谢我的化学老师，他使我坚信：我就是未来的化学家。也正是这种信念，激励着我一步一步走向成功。"

自信是金，谁拥有自信谁就成功了一半。学生成长的精神核心是自信，如果从小在大脑里储存下"我很笨，我不行"的定论，就会封闭自己的创新思维。相反，自信产生的动力是成功的基石，学生有自信心，才能努力实现自己的愿望和理想。教师帮助学生建立自信，就是在引导学生开启智慧的大门。在生活中，给了别人自信，就等于造就另一个"约翰·亨利"。

竞争优势效应

有这样一个笑话：上帝向一个人允诺说："我可以满足你的三个愿望，但有一个条件——你在得到你所想要的东西的时候，你的敌人将得到你所得到的两倍。"于是这人开始提出自己的愿望，第一个愿望、第二个愿望都是一大笔财产，第三个愿望却是"将我打个半死"。

虽然这只是一个笑话，但也说明人们的竞争意识有多么强烈，拼着自己挨点皮肉之苦，也要给敌人更大的苦头。现实生活中也有不少这样的例子。曾经听别人讲起这样一个令人啼笑皆非的故事：一对夫妻离异，根据法官的判决，丈夫应该把自己财产的一半转让给妻子，因此，丈夫开始出售自己的车子、房子。为了不让妻子平白无故的得到一大笔财产，丈夫将自己价值几百万美元的车子和房子以十美元的"天价"贱价出售，妻子固然没有得利，丈夫也损失了一大笔。

社会心理学家认为，人们与生俱来有一种竞争的天性，每个人都希望自己比别人强，每个人都不能容忍自己的对手比自己强，因此，人们在面对利益冲突的时候，往往会选择竞争，拼个两败俱伤也在所不惜；就是在双方有共同的利益的时候，人们也往往会如那位丈夫或者笑话中提到的那个人一样，优先选择竞争，而不是选择对双方都有利的"合作"，这种现象被心理学家称为"竞争优势效应"。

利益冲突会导致人们优先选择竞争，这是不言自明的；但为何在有共同利益的情况下人们还是会选择竞争呢？心理学家认为，这主要是由于沟通的缺乏，如果双方曾经就利益分配问题进行商量，达成共识，合作的可能性就会大大增加。

　　心理学上有这样一个经典的实验：让参与实验的学生两两结合，但是不能商量，各自在纸上写下来自己想得到得钱数。如果两个人的钱数之和刚好等于100或者小于100，那么，两个人就可以得到自己写在纸上的钱数；如果两个人的钱数之和大于100，比如说是120，那么，他们俩就要给心理学家60元。结果如何呢？几乎没有哪一组的学生写下的钱数之和小于100，当然他们就都得付钱。如果这个实验允许参加实验的两个人互相商量，结果会怎么样呢？恐怕没有这么傻的心理学家吧！

　　在竞争之前先进行一些集体互助的活动和教育，让成员有团结协助，互帮共进的集体荣誉感，让成员明白一个人在集体之中更容易成功，也只有在集体之中的成功才是真正的成功。同时开展的竞争最好是小组之间的竞争，让小组成员事先有充分的交流与沟通，形成一荣俱荣、一损俱损的荣辱观。同时让成员明白生活中并不是你死我活的竞争，完全有可能"双赢"！

心理学中的巴纳姆效应

一位名叫肖曼·巴纳姆的著名杂技师在评价自己的表演时说，他之所以很受欢迎是因为节目中包含了每个人都喜欢的成分，所以他使得"每一分钟都有人上当受骗"。人们常常认为一种笼统的、一般性的人格描述十分准确地揭示了自己的特点，心理学上将这种倾向称为"巴纳姆效应"。

有位心理学家给一群人做完明尼苏达多项人格问卷（MMPI）后，拿出两份结果让参加者判断哪一份是自己的。事实上，一份是参加者自己的，另一份是多数人的回答平均起来的结果。参加者竟然认为后者更准确地表达了自己的人格特征。

巴纳姆效应在生活中十分普遍。拿算命来说，很多人请教过算命先生后都认为算命先生说的"很准"。其实，那些求助算命的人本身就有易受暗示的特点。

当人的情绪处于低落、失意的时候，对生活失去控制感，于是，安全感也受到影响。一个缺乏安全感的人，心理的依赖性也大大增强，受暗示性就比平时更强了。加上算命先生善于揣摩人的内心感受，稍微表达出一点对求助者感同身受般的同情，求助者便会感到一丝精神安慰。算命先生接下来再说一段一般的、无关痛痒的话便会使求助者深信不疑。

富于思想的哲学家们认为，认识你自己是世界上最难的事。的确，我是谁，我从哪里来，又要到哪里去，这些问题从古希腊开始，人们就开始问自己，然而都没有得出令人满意的结果。

一代代先贤哲人不停地追问，求索这些问题，而劳动人民也在自我觉醒过程中自觉或不自觉地受到周围信息的暗示，并把他人的言行作为自己行动的参照，从众心理便是典型的证明。

其实，人在生活中无时无刻不受到他人的影响和暗示。比如，在公共汽车上，你会发现这样一种现象：一个人张大嘴打了个哈欠，他周围的几个人也会忍不住打起哈欠。有些人不打哈欠是因为他们受暗示性不强。哪些人受暗示性强呢？可以通过一个简单的测试检查出来。让一个人水平伸出双手，掌心朝上，闭上双眼。告诉他现在他的左手上系了一个氢气球，并且不断向上飘；他的右手上绑了一块大石头，向下坠。三分钟以后，看他双手之间的差距，距离越大，则表示其受暗示性越强。

认识自己，心理学上叫自我知觉，是个人了解自己的过程。在这个过程中，人更容易受到来自外界信息的暗示，从而出现自我知觉的偏差。在日常生活中，人既不可能每时每刻反省自己，也不可能总把自己放在局外人的位置来观察自己。正因为如此，个人便借助外界信息来认识自己。个人在认识自我时很容易受外界信息的暗示，常常不能正确地知觉自己。心理学的研究显示，人很容易相信一个笼统的、一般性的人格描述。即使这种描述十分空洞，人们仍然认为其完全反映了自己的人格特征。曾经有心理学家用一段笼统的、几乎适用于所有人的话来做实验，让大学生们判断这些描述是否适合自己。结果，绝大多数大学生认为这段话将自己刻画得细致入微、准确至极。下面一段话是心理学家使用的材料，你觉得是否也适合你呢？

我很需要别人喜欢并尊重我。我有自我批判的倾向。我有许多可以成为自己优势的能力没有发挥出来，同时我也有一些缺点，不过我相信我可以克服它们。我与异性交往有些困难，尽管外表上我显得很从容，但不得不承认自己内心焦急不安。我有时会怀疑自己所做的决定或所做的事是否正确。我喜欢生活有些变化，讨厌被人限制。我以自己能独立思考而自豪，自己不会轻易接受别人的建议，除非该建议有充分的证据作支撑。我认为在别人面前过于坦率地表露自己是不明智的。有时候我外向、亲切、好交际，而有时则内向、谨慎、沉默、愿意独处。我胸怀天下，但不得不承认有的抱负往往很不现实。

人们在认识自我时容易受巴纳姆效应影响，文化传播的过程中也能见到巴纳姆效应发挥作用。一些笼统而概括的语言更容易让人相信，这在宗教中表现尤其明显。一些宗教的教义也正是利用话语的笼统性、抽象性和概括性，使得人们相信这些教义，从而吸引人们去信仰它、崇拜它。

马太效应

　　社会中存在着富者愈富、穷者愈穷的现象。同样地，已经成名的"显人才"，社会加给他们的荣誉、待遇、职位越来越多，而尚未成名的"潜人才"，经过千辛万苦努力创造的成果却无人问津。这就是社会上普遍存在的"马太效应"。

　　这一心理效应最初来源于《圣经》，"马太"指的是《圣经》中"马太福音"（第二十五章）的故事。故事中讲到，主人要到国外去，他把自己的三个仆人叫来，按其才干大小将银币而分给他们。第一个仆人得五千个银币，第二个仆人得两千个银币，第三个仆人得一千个银币。主人走后，第一个仆人用五千个银币做买卖，又赚了五千个银币；第二个仆人照此办理，赚了两千个银币；而第三个仆人把一千个银币埋在了地下。过了好久，主人回来了，与仆人们算账。第一个仆人汇报赚了五千个银币，主人说："好，我要把许多事派给你管理，让你享受主人的快乐。"第二个仆人汇报赚了两千个银币，主人说："好，我要把许多事派给你管理，也让你享受主人的快乐。"第三个仆人汇报说："我把一千个银币埋在了地下，一个也没少。"主人把这个仆人骂了一顿，收回了他手中的这一千个银币，分给拥有一万个银币的人。故事结尾有这样一句话："因为凡有的，还要加给他，叫他有余；没有的，连他原来所有的也要夺过来。"

　　这便是"马太效应"一词的由来。美国著名哲学家罗帕特·默顿在科学界发现了同样的现象，即荣誉越多的科学家，授予他的荣誉就越多；而那些默默无闻的科学家，作出的成绩往往不被学界同行承认。他于1973年把这种现象称为社会心理学中的"马太效应"。

马太效应造成人才的埋没，是一种悄无声息的资源浪费，它往往不像嫉妒等有意埋没那样引起人们的愤慨和关注。它使名不见经传的"小人物"、出身低微而又没有靠山的年轻人以及他们的发明、发现和创造难以得到社会的承认和肯定。正如斯大林所说，为科学和技术开拓新道路的，有时候并不是科学界的著名人物，而是那些不知名的、平凡的技术员、实践者。世界上本可以涌现出更多的牛顿、爱因斯坦，但许多年轻人还是"潜人才"时就被埋没了。《科学蒙难集》中引用了魏格纳、罗巴切夫斯基等44位科学家的例子说明这一点。魏格纳23岁时便萌生大陆漂移说，32岁写成论文，35岁出版专著，可惜他的学说直到半个多世纪之后才得到社会的承认；俄国数学家、非欧几何的创始人之一罗巴切夫斯基34岁时宣读了的非欧几何论文，会上没有一人表态，会后组成三人鉴定小组，也都迟迟不肯写出鉴定意见，以致最后将书稿弄丢了。接着他又写出论文，请求彼得堡科学院评审，不仅未被通过，而且激怒了一些科学家，招来匿名信对他进行人身攻击，他的成果直到42年后才得到学术界的高度肯定和评价。科学界这样的例子举不胜举，由此可见科学界也存在马太效应。

其实，不只是科学界存在着这样的现象，在我们身边这样的事情也屡见不鲜。马太效应首先是一种社会惯性。卓有成效的"名人"，社会上冠以理事、顾问、十佳、突击手等职务，赋予他们的荣誉越来越多，以至于让他忙于应酬，不能正常地工作和学习。而未成名的所谓"凡人"，埋首科研取得的成果却少有人问津。这样虽然可以更加精益求精地推出新科学成果，但其负面作用却是不言而喻的。或多或少地受到马太效应的影响，年轻有为的青年科学家们难以迅速脱颖而出。

同时，马太效应还是一种心理惯性。我们会对自己的爱好、兴趣、熟悉的内容抱以极大的热情，也会在这些方面花费更多的时间和精力，形成良性循环。相反，对自己不是很精通的部分，却不愿意去钻研，得过且过，结果形成厌学的恶性循环。这种心理惯性很容易使我们成为某一方面的专才，在某一方面比较精通；但也可能使我们的知识偏于一隅，甚至孤陋寡闻。

知识经济时代竞争的实质是人才的竞争，创造一种有利于人才成长的环境势在必行。这就要求我们要有效地克服"马太效应"。《诗人玉屑》中载有宋朝宰相晏殊的一件趣事：有一次，他路过扬州大明寺，让随从人员念壁上题诗，但不允许念出作者姓名、籍贯等背景，而是听出是好诗之后，再询问作者情况。晏殊用这种方法，发现了诗才出众的王琪。是诗人，就要看他的诗作；是科学家，就要看他的科研成果；是干部，就要看他的政绩……这样才能做到客观、公正。

进尺得寸
——留面子效应

在一架班机即将着陆的时候，乘客们忽然听到乘务人员报告：由于机场拥挤腾不出地方，飞机暂时无法降落，着陆时间将推迟一小时。顿时，机舱里响起一片喧嚷抱怨之声。尽管如此，乘客们也不得不做好思想准备，在空中等待这令人难熬的一小时。谁知几分钟之后，乘务员又向乘客宣布：晚点时间将缩短到半个小时。听完这个消息，乘客们都如释重负地松了一口气。又过了几分钟，乘客们再次听到机上的广播说："最多再过三分钟，本机即可着陆。"这一下，乘客们个个喜出望外，拍手称快。虽然飞机晚点了，但乘客们却反而感到庆幸和满意。

这种现象发生的原因，在于心理学上所说的"留面子效应"在发挥作用。这一心理效应是由美国社会心理学家西阿蒂尼首先提出的，他认为，在向别人提出自己真正的要求之前，先向别人提出一个大要求，待别人拒绝以后，再提出自己真正的要求，别人答应自己要求的可能性就会大大增加，这种现象就叫作"留面子效应"。

1975 年美国心理学家做实验中证明了这种现象。在这一实验中，心理学家将参与实验的大学生分成两组，向第一组大学生提出了一个大要求，请大学生们腾出两年时间做小学生的义务辅导员，学生们都以各种理由婉言谢绝了。他紧接着又向第一组的大学生们提出一个较小的要求，请他们带一些小学生到动物园去游玩一次，只需两小时，结果有一半的学生都答应了这一要求。对第二组学生则直接提出较小的要求，结果只有 1/6 的人答应了要求。

心理学家认为，留面子效应的产生，主要是因为在拒绝别人比较大的要求的时候，人们感到自己没有能够帮助别人，辜负了别人对自己的期望，会觉得内疚，心理上也会不平衡。这时，为了在别人心目中保持自己"乐于助人"的良好形象，人们往往更愿意为别人提供小一些的帮助。

在生活中，为了使人更好地接受一个较小的要求，人们往往先提出了一个明知别人会拒绝的很大要求，以提高人们接受较小要求的可能性。当然，留面子效应是否会发生作用，关键在于别人是否有义务、有可能对你提供帮助。如果既无责任，又无义务，双方素昧平生，却想让别人答应一些有损对方利益的事情，这时候即使用"先大后小"的策略也是没有用的。如果你想让爸爸妈妈为你买一个ipad，你可以先提出买一台单反相机的要求，遭到拒绝后，再提出买一个ipad，爸爸妈妈便有可能会答应你。但如果你向一个陌生人也提这样要求的话，就有点太异想天开了。

很显然，当人们拒绝了别人的要求后，会愿意作出一点让步，给别人一个面子，使别人获得满足。因此，在人际交往中，人会自然地倾向于选择给交往双方都带来最大满足的行为。出于补偿心理，人们拒绝别人之后更有可能接受别人较小的要求。这也告诉我们一些与人交往的原则，在与朋友家人相处时，不断拒绝他们的要求或者一味地向别人提出要求都是不恰当的，要学会适当地使用心理学中的"留面子效应"。

日常生活中，很多商品交易双方都在使用"留面子效应"。销售方会将价格定得远远超过实际价格，然后在讨价还价中，设法让顾客在拒绝高价后接受一个比高价低得多、而实际上又高于原本定价的价格，以促成交易。很多商场也用"假打折"的方法进行促销，就是商场先将商品的价格升高之后再以打折的方法销售，打折之后的价格高于原价，结果顾客开心地以为得到了实惠掏钱购买，而商家也赢得了利润。人们到市场上买东西时也常常运用这样的方法去与商家讨价还价，大多能够买到物美价廉的商品。

空白效应

中国画十分注重对空白的运用，无论山水、花草抑或人物，都在浓墨淡彩之间，留出不少空白。观画的人并未产生画面"虚"的感觉，反而觉得更有意味，内涵更丰富。

心理学认为，人是有想象力的，人在感知世界的时候，如果感知对象不完整，便会自然地运用联想，对不完整的感知对象进行补充，直至完整。奇妙的是，人们对经过联想去"补充"的感知对象，会产生更强烈的心理认同，不仅印象更深刻，而且也更容易记住。心理学上把这种效应称为"空白效应"。在听觉上则表现为"无声效应"，人们常说的"此时无声胜有声"或者"于无声处听惊雷"的神奇效果就是这种心理效应的反映。中国画的艺术感染力，很大程度上是得益于的空白效应留给人的无限想象。

在人与人的交往中，这种心理效应同样发挥着重要作用。看过奥运会体操电视转播的观众不会忘记，当运动员比完一个项目下来，教练都会上前或拥抱，或击掌，或拍拍肩膀，对运动员进行鼓励。尽管语言不多甚至没有语言，但一切尽在不言之中。正是这种鼓励，给予了运动员莫大支持，使其更有信心地对待后面的挑战。

马卡连柯在《教育诗》中描写过这样的一件事：一次，工学团一个名叫乌席柯夫的学员偷了别人的钱包，这在工学团是绝对不能容忍的事情，于是乌席柯夫被交付"法庭"审判。审判结果是处罚他一个月不得与其他学生谈话、同桌就餐、同室睡眠、共同游戏。起初，乌席柯夫觉得好玩，得意洋洋，像个"王子"似的在学员中摇头晃脑。但过了几天后，乌席柯夫渐渐尝到孤独的滋味，他更受不了周围的玩笑、嬉闹的气氛。又过了几天，乌席柯夫要求同马卡连柯说话，但被拒绝。此后，乌席柯夫慢慢开始改正自己的错误，天天把地打扫得干干净净。最后赢得了大家的谅解时，乌席柯夫竟激动得热泪盈眶。这种把一个人孤立起来，不用语言批评，实质是一种无声批判或无形惩罚，在某种意义上在教育过程中更有效果。

在中国的家庭教育中，有一种常见的现象：那就是妈妈对孩子不断地叮嘱，不断地提醒，不断地督促。孩子需要父母的指导，但不喜欢父母的唠叨。那么，父母怎样避免对孩子唠叨呢？其实将"空白效应"运用于家庭中是十分有效的！把"空白效应"运用于家庭教育，其实是留出孩子自我教育的空间。当孩子考试取得好成绩，做家长的拍拍孩子的肩膀，竖起大拇指，说："不错，继续努力。"当孩子犯了错误，做家长的把孩子拉到身边，说："你知道错在哪吗？你自己想一想，想明白了，我知道你自己会改正的。"想想看，这样的教育方法是多么有意味啊。这样的教育，留出了足够的空间让孩子自我激励、自我反省，这是在家庭教育中科学运用空白效应的关键。

心理学中的"空白效应"对于教师的教学也有很大的启示，心理学原理告诉我们：（1）"满堂灌"的教法极易使学生产生生理和心理的疲劳，容易引起学生的"分心"现象。而留下空白点，学生可以从中得到积极的休息，由听转为思。（2）从记忆原理看，"满堂灌"的教法不易使学生记忆，而留下空白点的课，学生很容易记忆，避免学生们受到前摄抑制和后摄抑制的影响。（3）从创造和想象原理来说，留下空白点的课更容易使学生荡起想象的浪花、激起好奇的涟漪。大量教学事例也证实，空白效应所起的作用是很大的。因此，教师要善于留空白。如：在表达方面留白，针对某些问题，教师不妨先不说出自己的观点，让学生去想、去说，让学生有表达自己意见的机会；在实践方面留空白，教师可以给学生一个锻炼和实践的机会，提高学生的动手能力。在思考方面留空白，教师应给学生思考分析的机会，让学生独立地思考、判断和面对，学生的分析能力就会逐渐提高；在批评方面留空白，批评之后，留有学生自己去思考、自己去责备的时间。这样学生就不会有一种被"穷追不舍"之感，反抗心理就会锐减。

一要掌握火候，二要精心设计，找到引与发的必然联系，并在点拨之后，使学生有联想，有垂直思考与平面思考的交叉点。然后以"发问""激题"等方式的诱因激起学生的思维，从而使之上下联系，左右贯通，新旧融合，用所思、所虑、所获填补思维空白点，获取预期的效果。

自己人效应

楚汉战争末期，汉军设十面埋伏之计，将项羽困在垓下。但是，刘邦面临着一个严峻的问题——困兽之斗，往往十倍地凶狠。对此张良想出一条妙计，让已投降的楚军在月色中齐声唱起楚歌。楚军闻之，不禁勾起思念故地、家人的无限乡情，再也无心恋战。汉军乘势猛攻，大获全胜，逼得项羽自刎于乌江。

这个故事说的就是"自己人效应"。所谓自己人效应，指的是当传播者与受传者在观点、思维方式、行为模式等方面具有相似性时，双方视彼此为知己，在不知不觉中，情绪与行为会受到他人的影响、左右和支配，从而放弃自己原有的考虑、打算，乃至心中的行为规范、价值观念。这种影响不是从理性知觉通道输入的，而是通过情绪、行为暗示等，使人于无意识中接受的。"自己人效应"有一个重要的机制就是循环反应机制。就是说，别人的情绪和行为引起自己产生同样的情绪和行为；反之，自己的情绪和行为也增加了别人情绪、行为反应的强度。以下几种情况最易使人感受这种心理效应：

（1）在具有共同的世界观和信仰的人们中，群体、心理高度相融，情绪和行为的扩散更快。

（2）独立性不强、容易受暗示的人，更容易受自己人效应影响。

（3）紧张、恐惧的情景会使得群体成员易于受到暗示。

（4）外向性格的人比内向性格的人受到影响的速度更快。

（5）自己人效应在朋友和熟悉的人中比在陌生人中传播速度更快，感染力更强。

（6）社会心理学家认为，自己人效应如果运用得当，可以成为激发人凝聚力的一种强大动力，与单纯的说教相比会事半功倍。

管理心理学中有句名言："如果你想要人们相信你是对的，并按照你的意见行事，那就首先需要人们喜欢你，否则你的尝试就会失败。"也就是说要使对方接受自己的观点和态度，你就应该与对方建立一种"同体观"的关系。教师要真正把学生当成自己人，做学生的知心朋友，往往可以取得事半功倍的效果。陶行知先生曾任育才小学校校长。一天，他看到一位男生要用砖头砸同学，将其制止，并让男生到校长室。等陶先生回到办公室，见男生已在那里等候。陶先生掏出一块糖果给男生："这是奖励给你的，因为你比我先到办公室。"接着又掏出一块糖给男生："这也是奖给你的，我不让你打同学，你立刻住手了，说明你很尊重我。"男生将信将疑地接过糖果。陶先生又说："据我了解，你打同学是因为他欺负女生，说明你有正义感。"陶先生遂掏出第三块糖给他。这时男生哭了："校长，我错了，同学再不对，我也不能采取这种方式。"陶先生又拿出第四块糖说："你已认错，再奖你一块，我的糖发完了，我们的谈话也该结束了。"

如今的中小学生正处于自我意识急剧发展的时期，都具有非常强的自尊心。他们希望教师能理解、关心并尊重他们。教师尊重学生的自尊心，归根到底是对学生人格的肯定和尊重，尊重他们的人格尊严和应有的权利，使他们能够在一种民主、和谐的气氛中学习生活，处处感到自己存在的价值。学生在成长过程中出现缺点、错误在所难免，关键是教师要正确对待学生的过失，把学生们当作自己的子女，用爱来理解、包容他们。对学生严格要求是应该的，但一定要严而有理，严而有度，严而有爱，千万不能出格越界。教师要加强自身修养，遇事冷静，善于自制，在教育活动中始终保持宽广的胸怀，和蔼、友善、热忱、耐心和平等地对待学生。

"自己人效应"告诉我们要使对方接受你的批评教育，你就必须同对方保持"同体观"的关系，可以借助某种"中介物"，把双方关系拉近，建立朋友般的亲近感和信赖感，对于消除对方的心理戒备。这样，双方的心理差距就拉近了，也让对方对你产生好感与亲切感，心理距离大大缩短，"自己人效应"就得到显著发挥了。

霍桑效应

在 20 世纪 20 年代中期，位于芝加哥郊外的霍桑工厂进行了一系列非常集中的实验，研究各种工作条件对工人工作成绩的影响。

霍桑工厂，是一个制造电话交换机的工厂，具有完善的娱乐设施，有着健全的医疗制度和养老金制度等社会保障，但工人们仍愤愤不平，生产产量也很不理想。为探求原因，1924 年 11 月，美国国家研究委员会组织了一个由心理学家等多方面专家参与的研究小组，在该厂开展一系列实验研究。这一系列实验研究的中心课题是研究生产效率与工作物质条件之间的相互关系。这一系列实验中有个"谈话试验"，历时两年多，专家们找工人个别谈话，耐心倾听工人对厂方的各种意见和不满。这一"谈话实验"收到了意想不到的效果：霍桑工厂的产量大幅度提高。其实工厂管理方并未对工人的意见和不满进行处理，仅仅因为工人们意识到自己正在被别人观察，工作效率和产量就大幅度提高，社会心理学家将这种奇妙的现象称为"霍桑效应"。

当人们意识到自己在被监督时（或者相信有人在注意他们时），他们的行为方式就会与平时不同。这些变化经常是无意识的，人们觉察不到。霍桑效应在学校教育中极为普遍。

教育心理学认为："教师应让学生意识到，他们得到了真正的关心，特别被看重，自己仿佛成了完成某种任务的特殊人物，那么他们就会最有效地做好一件事。"每个人都有渴望成功、被人尊重的心理。教师要善于营造一种催人奋进的学习环境，让每个学生感觉到自己在班集体中、在老师的心目中是重要的人物，被给予充分的理解与尊重。教师要在各种活动中提供机会，发挥每个学生的作用，让他们各显其能，使之看到自己在集体中的位置。

后 记

做梦、代沟、流行、从众、投射等等，都是日常生活中存在的、充满趣味的心理现象，几乎人人都有所了解，却又未明所以。本书旨在帮助读者了解这些心理现象，并期望在增进知识的基础上，能给大家带来愉悦的精神享受。我们也希望，读者能在日常生活实践中进一步地体味和运用这些知识。因此，本书不求体系，不要求结构的严谨和完备，只涉及了与我们每个人的生活都密切相关的四个角度，并在突出趣味性、科学性和日常性的前提下，对具体的条目进行选择和写作。

参加写作的有苏州科技学院心理系的艾振刚、宋春蕾、贾凤芹和陈海芹，最后，全书由艾振刚统稿。

在写作过程中，我们也参考或引用了不少文献资料，未能一一标明，谨此致以衷心谢忱！

最后，我们谨向为本书的写作提供宝贵意见并付出辛勤劳动的山东人民出版社编辑王海涛先生、王媛媛女士表示衷心的感谢！

艾振刚

2014 年 3 月 21 日